读古人书 友天下士

昌明国学 弘扬文化

围炉夜话

[清] 王永彬 撰

雷明君 译评

长江出版传媒｜崇文书局

崇文国学普及文库

图书在版编目（CIP）数据

围炉夜话 / (清) 王永彬撰；雷明君译评 .
-- 武汉：崇文书局，2020.6
（崇文国学普及文库）
ISBN 978-7-5403-5797-9

Ⅰ . ①围…
Ⅱ . ①王…　②雷…
Ⅲ . ①个人—修养—中国—清代　②《围炉夜话》—译文
Ⅳ . ① B825

中国版本图书馆 CIP 数据核字 (2019) 第 247307 号

围炉夜话

责任编辑	胡 英
装帧设计	刘嘉鹏　甘淑媛
出版发行	长江出版传媒 ｜ 崇文书局
业务电话	027-87293001
印　　刷	湖北画中画印刷有限公司
版　　次	2020年6月第1版
印　　次	2020年6月第1次印刷
开　　本	880×1230　1/32
印　　张	8.25
定　　价	35.80元

本书如有印装质量问题，可向承印厂调换

总序

　　现代意义的"国学"概念，是在19世纪西学东渐的背景下，为了保存和弘扬中国优秀传统文化而提出来的。1935年，王缁尘在世界书局出版了《国学讲话》一书，第3页有这样一段说明："庚子义和团一役以后，西洋势力益膨胀于中国，士人之研究西学者日益众，翻译西书者亦日益多，而哲学、伦理、政治诸说，皆异于旧有之学术。于是概称此种书籍曰'新学'，而称固有之学术曰'旧学'矣。另一方面，不屑以旧学之名称我固有之学术，于是有发行杂志，名之曰《国粹学报》，以与西来之学术相抗。'国粹'之名随之而起。继则有识之士，以为中国固有之学术，未必尽为精粹也，于是将'保存国粹'之称，改为'整理国故'，研究此项学术者称为'国故学'……"从"旧学"到"国故学"，再到"国学"，名称的改变意味着褒贬的不同，反映出身处内忧外患之中的近代诸多有识之士对中国优秀传统文化失落的忧思和希望民族振兴的宏大志愿。

　　从学术的角度看，国学的文献载体是经、史、子、集。崇文书局的这一套国学经典普及文库，就是从传统的经、史、子、集中精选出来的。属于经部的，如《诗经》《论语》《孟子》《周易》《大学》《中庸》《左传》；属于史部的，如《战国策》《史记》《三国志》《贞观政要》《资治通鉴》；属于子部的，如《道德经》《庄子》《孙子兵法》《鬼谷子》《世说新语》《颜氏家训》《容斋随笔》《本草纲目》《阅微草堂笔记》；属于集部的，如《楚辞》《唐诗三百首》《豪放词》《婉约词》《宋词三百首》《千家诗》《元曲三百首》《随园诗话》。这套书内容丰富，而分量适中。一个希望对中国优秀传统文化有所了解的人，读了这些书，一般说来，犯常识性错误的可能性就很小了。

崇文书局之所以出版这套国学经典普及文库，不只是为了普及国学常识，更重要的目的是，希望有助于国民素质的提高。在国学教育中，有一种倾向需要警惕，即把中国优秀的传统文化"博物馆化"。"博物馆化"是20世纪中叶美国学者列文森在《儒教中国及其现代命运》中提出的一个术语。列文森认为，中国传统文化在很多方面已经被博物馆化了。虽然中国传统的经典依然有人阅读，但这已不属于他们了。"不属于他们"的意思是说，这些东西没有生命力，在社会上没有起到提升我们生活品格的作用。很多人阅读古代经典，就像参观埃及文物一样。考古发掘出来的珍贵文物，和我们的生命没有多大的关系，和我们的生活没有多大关系，这就叫作博物馆化。"博物馆化"的国学经典是没有现实生命力的。要让国学经典恢复生命力，有效的方法是使之成为生活的一部分。崇文书局之所以强调普及，深意在此，期待读者在阅读这些经典时，努力用经典来指导自己的内外生活，努力做一个有高尚的人格境界的人。

国学经典的普及，既是当下国民教育的需要，也是中华民族健康发展的需要。章太炎曾指出，了解本民族文化的过程就是一个接受爱国主义教育的过程："仆以为民族主义如稼穑然，要以史籍所载人物制度、地理风俗之类为之灌溉，则蔚然以兴矣。不然，徒知主义之可贵，而不知民族之可爱，吾恐其渐就萎黄也。"（《答铁铮》）优秀的传统文化中，那些与维护民族的生存、发展和社会进步密切相关的思想、感情，构成了一个民族的核心价值观。我们经常表彰"中国的脊梁"，一个毋庸置疑的事实是，近代以前，"中国的脊梁"都是在传统的国学经典的熏陶下成长起来的。所以，读崇文书局的这一套国学经典普及读本，虽然不必正襟危坐，也不必总是花大块的时间，更不必像备考那样一字一句锱铢必较，但保持一种敬重的心态是完全必要的。

期待读者诸君喜欢这套书，期待读者诸君与这套书成为形影相随的朋友。

陈文新

（教育部长江学者特聘教授，武汉大学杰出教授）

前言

　　清人王永彬所撰写的《围炉夜话》，与明人洪应明撰写的《菜根谭》、陈继儒撰写的《小窗幽记》一起并称"处世三大奇书"。

　　王永彬，清朝咸丰时人，具体行藏不详。其所撰写的《围炉夜话》，分为 184 则，以"安身立业"为总话题，分别从道德、修身、读书、安贫乐道、教子、忠孝、勤俭等多个方面，揭示了"立德、立功、立言"皆以"立业"为本的深刻道理。该书自问世以来，影响颇大。184 则人生的哲理和行为的标准，正如寒冷的冬天里温暖的炉火，给人温暖，给人慰藉。

　　《围炉夜话》是一本通俗格言集。关于编撰的宗旨，王永彬在开篇之前有一个简短的序言："围炉夜话，寒夜围炉，田家妇子之乐也。顾篝灯坐对，或默默然无一言，或嘻嘻然言非所宜言，皆无所谓乐，不将虚此良夜乎？余识字农人也。岁晚务闲，家人聚处，相与烧。煨山芋，心有所得，辄述诸口，命儿辈缮写存之，题曰围炉夜话。但其中皆随得随录，语无伦次且意浅辞芜，多非信心之论，特以课家人消永夜耳，不足为外人道也。倘蒙有道君子惠而正之，则幸甚。"王永彬身处风雨飘摇的晚清，面对世风日下、道德沦丧的时局，他以对现实洞若观火的烛照，疾呼政治改良与道德重建，探求修补世道人心的途径，力求用自己的心灵之光照映出一条走出精神困境的道路。《围炉夜话》不以严密的思辨见长，而是以简短精粹的格言取胜，三言两语，却蕴含着深刻的人生哲理，不但使自己清醒，也能令他人警醒。

1

传统意义上的格言，是指具有训诫、教诲和规劝意味的语录体文献。这些文献言简意赅，凝结着先哲的智慧灵光，后人多将这些格言看作安身立命的根本，为人处世的准则。世界上许多民族都有丰富而深刻的格言流传下来。如《圣经·旧约》中，就有所谓"所罗门箴言"，汇集了不同时代的格言，其内容多为修身、齐家、处世、行善等道德规范。英国当代著名学者约翰·格罗斯选编的《牛津格言集》，收入了古今近五百位名人的格言，出版后风行于世，大受欢迎。儒家经典《论语》其实也是一部语录体的格言集，集中反映了儒家创始人孔子的睿智美德、人格风采。儒家学者以《论语》为教科书，推行礼教，充分体现了格言的劝世劝善功能。历代儒家文人特别重视格言的教化宣传作用，自先秦以来，留下了数不胜数的格言、箴言、语录类文献，含蕴丰富，包罗万象，举凡修身、养性、持家、教子、行事、交友、居官、治国、治兵，乃至读书、治学、习艺、创作等，社会、人生、自然，无所不及。这些格言、语录体现了儒家的道德准则，浸润着一代又一代的文人，建构了中华民族的文化心理，形成了中国社会几千年的儒家主流文化传统。王永彬所撰写的《围炉夜话》，就汲取了历代格言思想与语言的精华，并熔铸为一体。其中所蕴含的思想，其实并不全是王永彬的"一孔之见"，而是中华民族处世哲学的集大成也。

本次出版的译评本，力求忠实于原著，兼采众家之长，择善而从，并保留了译评者个人的独到见解。评点力求紧扣原文，铺陈开来，引证了古今中外的名人名言和名人事迹作为例证，并联系实际，展开论述。对原书中因作者所处时代及其思想局限而失之偏颇的一些地方，译评者也提出了自己的见解，希望对读者朋友有所助益。

目　录

教子弟正大光明　检身心忧勤惕厉

教子弟于幼时，便当有正大光明气象；检身心于平日，不可无忧勤惕厉工夫。

【译文】

教导晚辈要从幼年时开始，培养他们正直宽广、光明磊落的气度；在日常生活中，要时时反省自身的言行，不能没有忧患意识和自我砥砺的修养功夫。

【评点】

要教育培养晚辈正直、豁达、磊落的胸怀和气度，必须从幼年开始；要审视省察自己的思想行为，必须着眼于日常的生活。

随着社会的发展，人们越来越认识到幼教的重要地位和特殊功能。现代心理学家提出了才能递减的法则，即教育开始得越早，越有可能培养出卓越的才能；而才能增长的可能性，随着年龄的增长，反而会迅速降低，这就是零岁教育的理论基础。但是，幼教也是一种整体的素质教育，如果一味偏重于智力培养而忽视了品行和气度的教育，也会产生人格的低起点递减，不利于整体素质的提高。现实生活中，家庭的溺爱娇宠以及相对封闭的家庭居住环境，已造成一些儿童养成偏执、孤僻、冷漠、骄纵、任性的心态。这就要重视对儿童幼时品质和气度的教育，使子女从小就能够养成正直豁达、诚实谦虚的品德。这样，才能使他们在日后的工作、学习、生活和为人处事的各个方面，都能保持一种襟怀坦荡、光明磊落、雍容大度的气质风范。

孔子曰："吾日三省吾身。"忧勤惕厉的慎省修身是塑造人格、完善人生的自我升华。检身心于平日的砥砺，贵在"三慎"：一是"慎微"，即"于细微处见精神"，做到"勿以善小而不为，勿以恶小而为之"；二是"慎隐"，即"入暗室而不欺"，在无人知晓、无人监督的情况下，不做亏心事，不取不义财；三是"慎恒"，即要持之以恒，锲而不舍，反复雕琢，始终如一地保持高远的志向。

交游应学其所长　读书要身体力行

与朋友交游，须将他好处留心学来，方能受益；对圣贤言语，必要我平时照样行去，才算读书。

【译文】

和朋友交往，要留心观察他的长处并加以学习，这样对自己才有所助益；对古圣先贤的良言警句，要在日常生活中遵照着去做，这样才算是真正的读书。

【评点】

"人"字的结构，看上去就是两个方面的互相支撑。没有人际间的交往，就没有人类的共同生活；没有朋友之间的交游，也就没有了人生的乐趣。"世界像个大家庭"，现实生活中，人总是"你中有我，我中有你"。善于交友，取友之长，戒友之短，则能增进友谊，获得智慧，生发动力，不断前进；不善交友，是非不辨，曲直不论，沆瀣一气，最终会酿成苦果，陷入不能自拔的境地。孔子曰："无友不如己者。"与朋友交往，不能一味游闲玩乐，而应在言行举止中，观其优长而取之，察其弱短而戒之，以使自己在效仿中升华，在戒短中扬长。

先圣先贤是不见面却最亲善的朋友，是谆谆教导却润物无声的师长。然而，对于先贤们的教诲，如果只是口诵心惟，而不付诸实践，那只能是空对良言、愧对圣贤。"纸上得来终觉浅，绝知此事要躬行"，一个死啃书本而与生活实际、社会实践绝缘的人，即使他"学富五车""才高八斗"，也毫无用处。"口能言黑白，目不辨青黄"

3

的书呆子，仅能有一点不足道的谈资，而不可能有什么谋事成就的本领。只有既注意在实践中深化知识，使之成为充满活力、随时可取的潜在智能，又注意根据实践的需要和现实的变化而灵活运用知识，才可能真正将知识转化为力量。因此，读圣贤书，功夫在书外；明圣贤理，妙道在知行。

俭以济贫　勤以补拙

贫无可奈惟求俭，拙亦何妨只要勤。

【译文】

贫穷得毫无办法的时候，只有力行节俭才能渡过难关；天性愚笨的人，只要勤奋学习，就能弥补不足。

【评点】

贫穷和愚笨是困扰人生的两大绳索，但俭以济贫、勤以补拙却是挣脱这两大束缚的真谛妙道。人难免有穷困潦倒之时，这并不完全取决于主观努力的程度和才智本领的大小。面对贫困，安贫没有出路，只有抗争。抗争的起点关键是力行节俭。在我国，"求俭""贵俭"的思想早已行之于民生、载之于古籍。《周易》的《节卦六十》，把当时人们对于节俭的态度分为三种：最可贵的是"甘节"，把节俭当作"甘之如饴"的乐事；其次是"安节"，能安于节俭，不追求豪华奢侈；最坏的是"苦节"，把节俭当作一种悲苦，叹怨人生。三种态度，必然产生三种不同的结果："甘节，吉"——甘于节俭，前途就会吉祥美好；"安节，亨"——安于节俭，做事会通达顺利；"苦节，凶"——苦于节俭，结果将是不幸的。

人有天资聪颖与天性愚笨之别，但先天的智能差异因素不是造就人才的先决条件。心理学家对历史上众多人才的成功进行了综合分析，结果发现，不少成绩卓著的人才和出类拔萃的名家，并没有非凡的智力。他们的成功诀窍只有一个字：勤。诚然，在走向成功的路上，天资差的人虽然要比天资好的人艰难得多，但是"勤能补拙"，只要加倍地努力，就一定能够获得成功。鲁迅曾说过："即使天才，在生下来的时候第一声啼哭，也和平常的儿童一样，决不是一首好诗。"因此，要取得成功，就必须时刻谨记"天才就是勤奋"，"天才就是百分之一的天赋加上百分之九十九的汗水"。

说平实妥帖话　做安分守己人

稳当话，却是平常话，所以听稳当话者不多；本分人，即是快活人，无奈做本分人者甚少。

【译文】

安稳而妥当的话语，却很平常，不能引人入胜，所以喜欢听这种话的人不多；安分守己的人，就是最快乐的人，可惜能安守本分的人太少了。

【评点】

喜欢听平实妥帖话的人并不多，能够安分守己的人则甚少，这是人生的困惑和自扰。

语言是人们交流思想、表情达意、进行思维的重要工具，但真正促使人们心心相印、情理相融的却是那些妥帖无奇、谆切无夸、朴实无华的话语。可是，人们往往对平常、朴实的话语充耳不闻、闻而不思，而对那些新奇夸张、虚浮华丽的话津津乐道，这就不免使忠言擦耳而虚过，妄言淀心而成疾。所以古人云："其人实者，其言平以安。"

"清清白白做人""老老实实做事""本本分分生计""稳稳当当过活"，看似平凡而淡泊，实则高雅而快乐。可不少人并不这样想，他们把清白视为清贫，把老实视为无能，把本分视为保守，把稳当视为平庸。欣羡于穷奢极欲，沉湎于酒绿灯红，着迷于美色，奔波于官场，使原本快活的心境疲惫，使原本幸福的家庭破裂，使原本知心的亲朋叛离……实乃"聪明反被聪明误""快活反被快活丧"。与其醉生梦死图极乐，不如安分守己常快活。

处事要代人作想　读书须切己用功

处事要代人作想，读书须切己用功。

【译文】

处理事情要多替别人着想，读书求知要靠自己切实用功。

【评点】

马克思主义哲学告诉我们："人的本质并不是单个人所固有的抽象物。在其现实性上，它是一切社会关系的总和。"无论在物质生活方面还是在精神生活层面，人都不能离开社会"独立为生"。人的本质的社会性决定了人事处理的社会性，"唯我"必然排他，"全己"必然损人。有的人在利益关系上，往往是"一事当前，先替自己打算"，以自我为中心，精心设计自我的蓝图，也就踩在了别人的肩膀上。这样的人，不仅会成为精神上自我萎缩的乞丐，而且在长远利益上是吝小亏大，窘迫无知的。要成为一个"大写"的人，就应时时处处事事想到别人，把困难留给自己，把方便让给别人。

事可托人代劳，障可求人代除，但读书既不可为人代读，也不可让人代读。苏秦的"刺股"励学，匡衡的"凿壁"借光，都说明没有自我的顽强拼搏，没有坚韧不拔的精神，是不可能读好书的。读书不光要能吃苦，还要能深思，两者缺一不可。所以孔子说："学而不思则罔，思而不学则殆。"因此，读书必须立志、用心、尽力，才能有所立、有所成、有所为。

信为立身之本　恕是接物之要

一"信"字是立身之本，所以人不可无也；一"恕"字是接物之要，所以终身可行也。

【译文】

一个"信"字，是人在世上的立身根本，所以人不可以没有信用；一个"恕"字，是待人接物最重要的东西，所以，人应该终生奉守，推己及人。

【评点】

《说文》中对"信"的解释是："人言也，人言则无不信者，故从人言。"这就是说，"信"就是人所讲的话，一个人如果无"信"，别人就不会把你当人看待。《傅子·义信篇》中说："以信待人，不信思信；不信待人，信思不信。"也就是说，对人诚恳守信用，即使别人原先不信任的，也会转为信任；对人虚伪不讲信用，即使别人原先信任的，也会转为不信任。恪守信用，不仅能使自己实现心灵的净化和品行的升华，而且可以化解矛盾，消除别人的戒心，赢得信赖和友谊。而那些虚伪失信、圆滑处世的伎俩，虽然可以一时骗取别人的信任而得到意外的"收获"，但谎言不会长久，一旦戳穿后，便是身败名裂。

"恕"，是为人处事之要，是人值得终生奉行的高尚品德。将心比心谓之诚，推己及人谓之恕。清朝金兰生在《格言联璧·持躬》中说："以恕己之心恕人则全交，以责人之心责己则寡过。"这就是说，用宽恕自己的心思去宽恕别人，就能够和别人保持友好关系；用责备别人的心思来责备自己，自己就可以减少过错。一个人活在世上，总难免有喜有忧。喜时要不忘忧人之虑，忧时要做到"己所不欲，勿施于人"。所以孟子说"忧人之忧，乐人之乐"。你把别人的快乐与忧愁作为自己的快乐与忧愁，别人也就会将你的忧愁和快乐当作自己的忧愁和快乐。这样就会广结善缘，形成良好的人际关系，产生积极向上的进取动力。

不因多言而杀身　勿以积财而丧命

人皆欲会说话，苏秦乃因会说话而杀身；人皆欲多积财，石崇乃因多积财而丧命。

【译文】

世人都希望自己能言善辩，但是战国的苏秦就是因为能言善辩，才被齐大夫派人暗杀；世人都希望自己能聚积很多财富，然而晋代的石崇就是因为财富太多，遭人嫉妒被杀身丧命的。

【评点】

"口是祸福门，舌是斩身刀。"在动辄以言论问罪的古代专制社会里，出言稍有不慎，往往会招来杀身之祸。现代社会保障公民有言论自由，尽管不会仅仅以言论来定罪，但是在人际交往中，我们仍然需要注意言谈得体，合乎情理和礼义。否则，信口开河，胡言乱语，妄加非议，便会招惹是非，带来烦扰和不测。"风流不在谈锋胜，袖手无言味最长。"人不必忌讳能说会道，但说话不能不注意时机、场合、对象。要审时度势，以理智而不是以感情支配口舌，不该说的闭口不说，应该说的就说得深刻而有分寸。

积财多，并不能以好坏论之，也不能因石崇积财丧命，而推出凡财富多必遭杀身之祸的结论。这里的关键问题是：积财有道，用财合义。"君子好财，取之有道"，靠自己的劳动和创造得来的财富，多多益善。而靠坑蒙拐骗、以权谋私得来的钱财则占之为耻。钱财是享乐的资本，但却不是幸福的源泉。人不能做金钱的奴仆，金钱至上、拜金主义是对人生意义的扭曲。

严可平躁　敬以化邪

教小儿宜严，严气足以平躁气；待小人宜敬，敬心可以化邪心。

【译文】

教导小孩要从严要求，因为严格的态度足以平息小孩子心中的浮躁心气；对待心术不正的小人，最好以尊重而谨慎的心待之，因为尊重的态度也许可以化解那些小人的邪僻之念，如果不行，以谨慎的态度与之相处，至少不会蒙受其害。

【评点】

教育孩子这件事，不仅密切关系着家庭的和睦幸福、孩子的成长进步，而且密切关系着国家的前途、命运和社会的发展、进步。教育子女的成效，首先在于掌握好子女的心理特点，在此基础上采用正确的态度和方法。小孩子充满稚气、天真活泼，同时也心性顽皮、浮躁好动、固执任性，对孩子以威严的态度、中正的姿态、严格的规定进行教育和要求，做到以威严去娇气，以中正克顽气，以严格平躁气。如若不从严教子，而是一味地溺爱娇宠、迁就忍让，凡事纵容护短、依顺应求，势必强化孩子的稚气、娇气和躁气，其不但不能专注读书、用心做事，而且还会产生逆反心理，以顶撞、执拗的方式和浮躁粗俗的情绪对抗长辈的规劝和教导。遇到社会上消极因素的影响，也易误入歧途。

所谓"小人"，是指那些心术不正、品行猥琐的人。对小人，人们往往在感情上疏远，在态度上鄙视，在交往中提防。"君子坦

13

荡荡，小人长戚戚。"小人的心灵已经邪僻扭曲，如再被人鄙视、疏远、厌恶，则更促使其趋邪附恶、孤傲妄为，走向邪路。与其如此，倒不如以敬、慎的态度回应他，以端正他的心灵，所谓"浪子回头"，以期唤醒其内在的良善。

善谋生不必富家　善处事不必利己

善谋生者，但令长幼内外，勤修恒业，而不必富其家；善处事者，但就是非可否，审定章程，而不必利于己。

【译文】

善于谋求生计的人，只是使家中的老老少少在家里家外，都能勤奋地做好自己的本职工作，而不去刻意追求家庭的富贵；善于处理事务的人，只是就事情的对与不对、可行还是不可行作出判断和决定，然后厘定制度与章程，并不一定要求事情对自己有利才去做。

【评点】

世人都希望自己成为善谋生、善处事的人。然而，许多人辛辛苦苦，却难以维生；忙碌一世，却一事无成。究其根由，就在于谋生不明其宗，谋事不得要领。

谋划生计，并不需要什么新奇的花招，也不必处心积虑地积聚财富。只要能安其本分，坚持不懈地做好自己分内的每一件事情，就可称得上是"善谋生者"了。

"善处事者"，即擅长办事的人。办理事务，并不一定要有奇特的才能，也不能着眼于这件事情对自己是否有利。任何事情非一目了然、一成不变的，要处理得当，就要对事情的来龙去脉认真分析，对处理的各个环节仔细梳理，以求得可循的脉络，再订下具体的规则章程；同时，要分清主次、轻重、缓急。而非仅仅与己有利的事才去做。

名利不可贪　学业在德行

名利之不宜得者竟得之，福终为祸；困穷之最难耐者能耐之，苦定回甘。生资之高在忠信，非关机巧；学业之美在德行，不仅文章。

【译文】

得到不该得的名声和利益，那么福分终将变成灾祸；最难以忍受的困厄、贫穷都能忍耐过去，那么困苦最后一定会转为甘甜。人的资质高低，在于是否忠诚、守信，而非用心机、耍手段；学业精深者，更主要的是其品行的高尚，而不仅在其文章的优美。

【评点】

功名利禄是诱人的，但得到不该得的功名利禄，只能侥幸一时，最终会成为祸害。功名利禄是社会对人们付出心血、努力和贡献所给予的报偿，没有付出，也就没有收获。那么，为什么有的人会得到不该得的名利呢？从主观原因上看，无非是"一骗、二争、三盗"。虽然他们也能一时得名、得利，但功名自有天下定，多行不义必自毙。到头来，"机关算尽太聪明，反误了卿卿性命"，终被人唾弃，身败名裂。

贫穷和困厄，虽然折磨人，但也最能磨砺人、造就人。孟子云："天将降大任于斯人也，必先苦其心志，劳其筋骨，饿其体肤，空乏其身，行拂乱其所为，所以动心忍性，曾益其所不能。"面对艰难困苦而不能忍耐，是弱者的表现；而能耐得住艰难困苦，敢于在穷困中奋争，则是强者的风采。只有不畏艰险、不辞劳苦，才能

"苦尽甘来"。

人的天资有高下之分，但这并不能决定人格的高下和作为的大小。人格的高下取决于是否忠诚守信，作为的大小取决于对任何事是否勤勉而为。同样，学问是否精深，并不仅仅在于表面文章是否写得好。读书就是读人生，学业贵在修行，文章贵在德高，文美与人美和谐统一，才堪称学业之美。

君子力挽江河　名士光争日月

　　风俗日趋于奢淫，靡所底止，安得有敦古朴之君子，力挽江河；人心日丧其廉耻，渐至消亡，安得有讲名节之大人，光争日月。

【译文】

　　社会风气日益趋向奢侈放纵，没有停止的迹象，怎样才能出现一位有古代敦厚质朴风范的君子，尽力挽回江河日下的局面？世人清廉知耻之心日益沦丧，逐渐达到了消亡的境地，怎样才能出现一位讲求名节的伟大人物，以与日月争辉的德行唤醒世人的廉耻之心？

【评点】

　　世风日下思贤能，人心日丧求名士。古人希望通过君子的德行影响和贤人的教化作用，以唤起众人的警醒和效仿，这与当时社会的教育落后而导致普通大众往往随俗浮沉的现实是密切相关的。而今随着教育事业的发展，国民整体素质有了大幅度上升，但仍有一些人难以抵制权力、金钱的诱惑，从而堕入罪恶的深渊。这需要我们保持清醒的头脑，做到清廉明耻。当然，建设高度的社会主义精神文明，绝不是凭一士之贤就能"力挽江河"的，它是千百万人的同心合力工程，是全社会义不容辞的责任。

　　《菜根谭·概论》中曾说："真廉无廉名，立名者正所以为贪。"也就是说，真正清廉的人不会贪图清廉的名声。贪图清廉名声，希图流芳后世的人，可能正是以清廉之名作为贪利索贿的资本。清廉明耻，本是做人应有的品德。

心正神明见　人生无安逸

　　人心统耳目官骸，而于百体为君，必随处见神明之宰；人面合眉眼鼻口，以成一字曰苦(两眉为草，眼横鼻直而下承口，乃"苦"字也)，知终身无安逸之时。

【译文】

　　心统管着人的五官及全身，可以说是身体的主宰，因此必须随时保持清醒的头脑才能使言行不致出错；人面部的眉、眼、鼻、口等器官组合起来，组成了一个苦字（两眉如草头，两眼为一横，鼻梁为一竖，下面承接一个口，就是一个"苦"字了），由此可知人终其一生都没有安逸的时候。

【评点】

　　中国古人认为心为官之首，它统治着人的五官及全身。如把全身器官比喻为朝政，心便是君王。君王昏，朝政暗，天下乱；君王明，朝政清，天下平。人要行得正、举得端，必须时时处处保持"心"的清楚明白，"大其心容天下之物，虚其心受天下之苦，平其心论天下之事，潜其心观天下之理，定其心应天下之变"。只有抛弃杂念，坦阔胸襟，才会豁达大度，体味人生之快乐，感悟世间之美好。如果连自己的私心杂念都不能奈何，谈何超越自我、改造世界！

　　人，是哭着来到世间、步入新生的。人的一生苦多于乐，终身难有安闲逸乐之时。但是，人有追求快乐的天性，追求快乐、幸福是人生的本性所在，是人生的动力源泉。那种因面相"苦"而屈服于苦的人，是弱者，是懦夫。不过，追求快乐、幸福的人，也时刻不能忘记：人生的道路曲折坎坷，困苦危难在所难免。因此，要准备吃大苦、耐大劳，以坚定的付出换来幸福和快乐。

人心足恃　天道循环

伍子胥报父兄之仇，而郢都灭，申包胥救君上之难，而楚国存，可知人心足恃也；秦始皇灭东周之岁，而刘季生，梁武帝灭南齐之年，而侯景降，可知天道好还也。

【译文】

伍子胥为了报父兄被冤杀的仇恨，发誓灭楚，终于攻破了楚国都城郢。申包胥为了匡救君王的危难，发誓要保全楚国，终于使楚国不致灭亡。由此可见，只要下定了决心，就没有什么不能办到的事。秦始皇翦灭诸侯，统一天下的那一年，灭秦建汉的刘邦也出生了，梁武帝灭南齐的那一年，后来反叛灭梁的侯景前来归降。由此可知，天道循环，报应不爽。

【评点】

事在人为。人的决心和意志，是成事的先决条件，离开坚定的决心和坚强的意志，决无成事可言。正如清朝金兰生在《格言联璧·学问类》中所言："把意念沉潜得下，何理不可得；把志气奋发得起，何事不可为。"当然，"谋事在人，成事在天"。客观事物的发展往往不以人的主观意志为转移，做事情也往往不是单靠决心、意志和计谋来成就，而要顺应时势，遵循事物发展的客观规律。

处事要有度，须知天理循环，报应不爽。争天下者明来暗往，兴衰有定，终有报应；处事者精于算计，利害俱孕，各有偿还。处事不可无度，处优不可骄横，见利不可忘义。否则，得意时同类相煎，逼人太甚；失意时他人也会"以其人之道还治其人之身"。

有才必韬藏　为学无间断

有才必韬藏，如浑金璞玉，暗然而日章也；为学无间断，如流水行云，日进而不已也。

【译文】

真正有才能的人一定会深藏不露，就如同没有经过冶炼的金和没有经过雕琢的玉一样，虽不炫人耳目，但历久自会显现其光华；做学问一定不能间断，要像不息的流水和飘浮的行云一样，每日都前进而不停息。

【评点】

"才能不耀眼，耀眼不是才。"真正有才能的人不会锋芒毕露，而那些夸夸其谈、故弄玄虚、自我炫耀、自我卖弄的人，恰恰是一些浅薄之徒、无能之辈。因为愈是有才能，愈懂得求知的无止境，也就愈加境界高远、虚心好学。求知若渴、矢志成才的人，只会一门心思去充实自己，一腔赤诚去投身实践，绝不会把精力用在卖弄自己、贪图浮名上。

学问无止境。做学问贵在持之以恒，不可间断，好像流水不息、行云不止那样，永不歇顿，永不停止。倾盆骤雨，直泻而下，猛矣，但润之不深；阳春之雪，普降山野，喜矣，但旋即而消。求学问，毋急躁如骤雨、消融如春雪，而须有耐久之力、持续之功。俗话说"学如逆水行舟，不进则退"。"三天打鱼，两天晒网"，三分热度，一曝十寒，只会荒废学业、枯竭才华。

积善之家有余庆　不善之家有余殃

积善之家，必有余庆；积不善之家，必有余殃。可知积善以遗子孙，其谋甚远也。贤而多财，则损其志；愚而多财，则益其过。可知积财以遗子孙，其害无穷也。

【译文】

长期坚持做好事的人家，必定会遗留给子孙很多德业恩泽；而多行不义的人家，必定会遗留给子孙很多灾祸。由此可知，积德行善以遗留给子孙，这才算是深谋远虑。贤能而积聚许多财富，这样会损害他的志向；愚笨而积聚许多财富，这样会增加他的过失。由此可知，积聚财富来遗留给子孙，害处很大。

【评点】

古人云："善有善报，恶有恶报。"积善人家，必然遗留给后世德泽善报；而多行不善的人家，也必然遗留给后世祸害报应。多行善、做好事，为子孙留下后福，这才是为子孙着想，是最长远的打算。

从人际关系学的角度看，凡是行善之家，不仅会受到被恩泽者的感激，而且会受到社会的尊崇。其后人，也必然会得到他人的以德相报，特别是当其子孙身处逆境、困厄之时，人们往往会念及其先人之德，而给予同情和帮助。反之，多行不善的人家，必然会引起世人的怨恨，其子孙也会遭到怨恨，甚至他人的以仇相报。当然，祖宗的善与德，也不是传世不变的。善家不一定出良子，恶族也不一定出恶少。因此，世人也不应以狭隘的善恶报应，去对待其子孙，而应以高度的社会责任感和宽阔的胸襟去感召、教育后人，形成全社会扬善惩恶的氛围，谱写文明进步、团结奋进的新曲。

不可否认，金钱在现实生活中具有不可或缺的作用，但它却不是人生幸福的万能钥匙。对于子孙而言，将家产财富传于他们，还不如将贤良正直的品行传于他们，这才是会让他们受益无穷的最宝贵的财富。

德行教子弟　钱财莫累身

　　每见待子弟严厉者，易至成德；姑息者，多有败行，则父兄之教育所系也。又见有子弟聪颖者，忽入下流；庸愚者，转为上达，则父兄之培植所关也。人品之不高，总为一利字看不破；学业之不进，总为一懒字丢不开。德足以感人，而以有德当大权，其感尤速；财足以累己，而以有财处乱世，其累尤深。

【译文】

　　我们往往见到对子孙要求严格的，容易使子孙养成好的德行；对子孙姑息纵容的，子孙大多有败坏的德行，而这些结果都与父兄长辈的教育息息相关。又看到有些天资聪颖的子孙，忽然误入品行低下之流；天资平庸愚笨的人，后来却德行高尚，这些也都与父兄长辈的培植密不可分。人的品行不高尚，是因为对一个"利"字看不透；人的学业不长进，是因为一个"懒"字丢不开。高尚的德行足以感化他人，而如果这种有高尚德行的人手握重权，那这种感化就尤为迅速；富足的钱财会牵累自己，而如果拥有财富又身处乱世，那这种牵累就尤为深重。

【评点】

　　先哲韩非子曾说过："严家无悍虏，而慈母有败子。"家庭教育密切关系着孩子的成长、进步、前途与命运。家庭教育的成败，关键取决于父母对子女爱的方式正确与否。

　　教子需有方，要因子施教，因性而异。清代金兰生《格言联璧·齐家》中曾说："子弟有才，制其爱，毋弛其诲，故不以骄败；

25

子弟不肖，严其诲，毋薄其爱，故不以怨离。"这就是说，父母对天资聪颖的子女应克制爱心，不放松教诲，子女才不会因为骄傲而失败；父母对不学好的子女，在严格要求的同时，又要充满爱心，子女才不会因为生怨而在邪路上越走越远。可见，父母对子女的教育要根据不同的情况，严爱相济、宽严适度，既要避免"捧为掌上明珠"的过分溺爱，又要防止"恨铁不成钢"的厉威苛责。

德和财是社会的两大财富，也可以说是精神文明和物质文明的简明词义。人们奖掖道德，也非常敬仰道德高尚、德高望重的人。俗话说："榜样的力量是无穷的。"一个好的榜样，能带动周围的人一起向善。当今社会呼吁"让有道德的人讲道德，有理想的人讲理想，守纪律的人讲纪律"，实质上也正是在呼唤和重塑道德感化的权威。

读书无论资性　立身不嫌家贫

　　读书无论资性高低，但能勤学好问，凡事思一个所以然，自有义理贯通之日；立身不嫌家世贫贱，但能忠厚老成，所行无一毫苟且处，便为乡党仰望之人。

【译文】

　　读书不论天资是高还是低，只要能做到勤学好问，任何事都思索一个为什么，自然会有通晓道义的那一天；在社会上立身处世，不怕自己出身贫贱低微，只要为人忠厚、做事老成，所作所为没有一丝随便而违背道义之处，自然会成为乡邻们所敬仰的人。

【评点】

　　读书求知的第一要诀是"勤奋"。高尔基曾说过："人的天赋就像火花，它既可能熄灭，也可能燃烧起来。而使它成为熊熊烈火的方法，只有一个，那就是劳动、再劳动。不辞劳苦，勤奋学习，是人们向科学进步、登攀、攻关的有效途径，也是一个人想要获得成功的公开秘密。"读书求知的第二要诀是"好问"。"学问"，"学"与"问"是联系在一起的。孔子就曾说过："耻不知而不问，终于不知而已；以为不知而必求之，终能知之矣。"因此，问是读书释疑的钥匙、求知的妙道。读书求知的第三要诀是"善思"。爱因斯坦说过："学习知识要善于思考、思考、再思考，我就是靠这个学习方法成为科学家的。""学源于思"，只有把学与思结合起来，才会释疑解难，增长学识，有所建树。

　　忠厚是人立身处世之本。一个人不能自由选择自己的出身背景，但一个人却能选择自己的人生道路，确定立身为人的信念和成事立业的志向。或忠厚老成，或投机取巧，或谨严行事，或行止不轨。不同的人生取向，也必然导致不同的人生走向。忠厚老成、谨严行事，看似成事不速，却扎实稳当，人生的每一步都是踏实的；投机取巧，也许能在某些时候"一步登天"，但这种没有扎实根底的"成功"既没意义，又易崩塌。

乡愿假面孔　鄙夫俗心肠

　　孔子何以恶乡愿？只为他似忠似廉，无非假面孔；孔子何以弃鄙夫？只因他患得患失，尽是俗心肠。

【译文】

　　孔子为什么厌恶伪君子？只因为他们表面上看似忠信廉洁，其实不过是伪装的假面孔罢了；孔子为什么厌弃那些品行鄙陋之人？只因为他们对个人得失斤斤计较，尽是世俗的小肚鸡肠。

【评点】

　　孔子在《论语·阳货》中指出："乡愿，德之贼也。"孔子为什么如此厌恶"乡愿"呢？因为虚伪矫饰，笑里藏刀，"上头一脸笑，脚下使绊子"的伪君子比明火执仗的恶人更可恶。古人云："大忠藏奸"，古来奸佞之辈，往往貌似忠廉，以掩饰自己的歹毒之心、暗算之行。在现实生活中，当面一套、背后一套，好话说尽、坏事做绝的人也是屡见不鲜。然而被他们的表面伪饰蒙骗，不幸中招的人却也不在少数。究其原因，就在于好话顺耳，让人飘飘然时良莠不辨；而忠言逆耳，这也就给似忠非忠、似廉非廉的"乡愿"们以可乘之机。

　　何谓"鄙夫"？鄙夫指的是不明礼义，将个人利害得失看得比什么都大的人。这种人被孔子称为"昧德之夫"，他们在任何时候、任何场合，都以自我为"圆心"，以利己为半径画圆，患得患失，唯利是图，唯我独尊，甚而见利忘义、损人肥私。他们目光短浅，且狂妄不羁，正如《吕氏春秋》中所言："私视使目盲，私听使耳聋，私虑使心狂。"当前，仍然有人认同"主观为自我，客观为别人"的论调，殊不知，"为自我"的主观世界，仍是改头换面的"鄙夫"的世界观。试想，一个时时、处处、事事自私自利的人，又如何能够真正做到利他、利国、利民呢？即使在客观上一时利了他人、集体，他也会在主观上要求他人给予其功利上加倍的报偿和补给。如此看来，"鄙夫"古人厌弃，今人更应摒弃。

精明败家声　朴实培元气

打算精明，自谓得计，然败祖父之家声者，必此人也；朴实浑厚，初无甚奇，然培子孙之元气者，必此人也。

【译文】

凡事过于精打细算，毫不吃亏的人，自以为得计，但是败坏祖宗名声的，必定是这种人；朴实稳重、浑厚质朴的人，一开始看不出他有何特别之处，但能够培育子孙奋发精神的，必定是这种人。

【评点】

古人把光宗耀祖、福荫子孙视作人生辉煌的标志；今人把承先辈业绩、启后生有成视为人生的天职和理想。然而，有的人能够看到那个开始，却看不清那个结局。这里有客观条件的制约，但更重要的，是人的主观品性在起着内在的主导作用。

为自己精心算计的人，其实是在精心算计别人。这种人利欲熏心，唯利是图，唯名是夺，他的得和利，来自于他人的失和损。他的幸福，是建立在他人的痛苦和不幸之上的。这种人也必然遭众怨、失人心。《管子·霸言》中曾说："明大数者得人，审小计者失人。"识大体顾大局的人与贪小利顾私情的人，在价值标准和行为选择上的分野是十分明显的。其结果，前者失去了个人的暂时利益，换来的是高风亮节；后者虽满足了一时私欲，但失去的却是人心，败坏的是名节，玷污的是祖宗，实可谓"因小失大"。

而那些诚实质朴的人，平凡而无奇表，淳厚而不浮华，踏实而不虚狂。然而，正是这种诚实、朴实、求实、踏实，成了支撑人生的淳厚元气，成了立家、创业、兴世的亢奋元气。一个人有了这种元气，就能在人生的旅程中充满生机活力，就能在困难挫折面前显出勇气和坚毅，就会在创业的进程中，坚实起步，开拓进取，创造辉煌。小至一人、一家，大至一个团体、一个民族、一个国家，有了这种熔炼一体的元气，也就有了创业的基体、进步的阶梯、发展的动因。

明辨是非　不忘廉耻

心能辨事非，处事方能决断；人不忘廉耻，立身自不卑污。

【译文】

心中能够明辨哪些事情是不正确的，处理事情才能毫不犹豫；做人能够不忘廉洁知耻之心，为人处世就不会做出卑劣污浊的事情。

【评点】

明辨是非、不忘廉耻，是人立身处世的根本。

马克思主义哲学告诉我们，世界是辩证的，任何事物都存在是与非、对与错、善与恶、曲与直、优与劣的两面，而这种关系又不是一成不变，而是曲折多变的。因此，人们处理任何事情，不能一蹴而就，而必须善于观察、分析事物，明辨是非曲直、鉴别善恶优劣、明察正误利弊，看清事物的本质，把握事物的主要矛盾和矛盾的主要方面，抓住事物发展变化的规律，这样才能选择正确的行为方式，正确而果断地处理各种矛盾和问题。现实生活中，许多人"好心做了坏事"，就是因为虽然有心把事情办好，但在复杂的事物面前，是非不清、善恶不辨，结果反悖初衷，适得其反。

古人云："人无清廉之德，不可为官；人无羞耻之心，不可为人。"清廉知耻，是做人的基本道德。廉洁公正、把人民的利益放在第一位的人，将在人民的心中树立起不朽的丰碑。

忠孝不可愚　仁义须打假

忠有愚忠，孝有愚孝，可知忠孝二字，不是伶俐人做得来；仁有假仁，义有假义，可知仁义两途，不无奸恶人藏其内。

【译文】

忠诚到了盲从的地步，就是愚忠；孝顺到了愚昧的地步，就是愚孝。由此可见，忠诚孝顺，并不是那些所谓聪明伶俐的人能做得到的。同样，仁义也有假仁假义，由此可知，仁义在不同的人心中有两种完全不同的答案，那些"仁义"之士中，也不是没有奸猾险恶之人隐藏其间。

【评点】

"心"持"中正"谓之"忠"，以"子"承"老"谓之"孝"。忠孝本身就是一种至诚至善、无怨无悔的感情。"情至深处无怨尤"，无论是精忠报国之情，还是孝敬父母之情，都应该是无私无瑕、至诚无悔的。但是，"忠"也要做到心持中正，一味盲从，毫无主见，并不是真正的忠。比如，抗战时期，张学良和杨虎城发动"西安事变"，兵谏蒋介石，于蒋个人是"不忠不义"，但于国家、于民族却是大忠大义。同样，"孝"也要明辨是非，而不能一味盲从。父母有过错不指出，而是盲从，那就只能在错误的道路上越走越远，并且客观上加重父母的过错。因此，忠孝都要从大处着眼，这样才是真正的忠与孝。

"仁"字是人的"不二"，"義（义）"字是"我"的超越。可见，"仁义"是人真诚无私的高尚情操。然而，在现实生活中，不乏

"假仁""假义"者。他们假"仁义"之美名，骗取他人的信任和尊敬，行阴险狡诈之实。"愈是珍品，屡有盗者"，这也从侧面说明了"仁义"之崇高、"仁义"之可贵。当今，人们呼唤真诚、正义、文明，渴望繁荣昌盛、政通人和，其中也包含着对假仁、假义的无情鞭挞。

权势烟云过眼　奸邪平地生波

权势之徒，虽至亲亦作威福，岂知烟云过眼，已立见其消亡；奸邪之辈，即平地亦起风波，岂知神鬼有灵，不肯听其颠倒。

【译文】

倚仗权势的人，即使是对最为亲近的人也要作威作福、滥用权势，哪里知道权势就像飘浮的烟云，转瞬就消失得不留痕迹。奸猾淫邪之徒，即使平安无事，也要惹是生非，哪里知道鬼神都能明鉴，不会听任他颠倒黑白、混淆是非。

【评点】

君子得势，道义自持；小人得势，凌人气盛。

人们多希望自己的至亲好友有权有势，而对得势的至亲好友，我们也还要作一番分析，看他是君子还是小人。小人一旦得势，首先是要在至亲好友面前卖弄权势，或颐指气使，或怨前谤后，或以"不认亲朋"为幌子沽名钓誉……小人不可交，至亲好友中的小人更加不可交。

古人云："举头三尺有神明。"其实讲的就是世事自有天道。汉代杨震博览群经，当世誉为"关西孔子"，他担任荆州刺史时，非常清廉。有一次，他的一位下属在夜里带着黄金到杨震的家里行贿。杨震坚辞不受，并严厉地斥责了那个人。那人还是不死心，笑着对杨震说："现在是深夜，地点在府上，决不会有人知道的，请您收下吧！"杨震义正词严地说："天知、地知、你知、我知，怎么说没人知道呢！快滚出去！"自此留下了"四知"的佳话。当然，对奸猾淫邪之人，不仅要给以道义上的指控和舆论上的谴责，还要借助法律的威严，加大防范、管教的力度，使不法之徒无机可乘，同时营造良好的社会风尚。正如苏轼在《应制举上两制书》中说："治事不若治人，治人不若治法，治法不若治时。"不良的社会风尚，是滋生邪恶的土壤，是纵容不法之徒作祟为患的源头。良好的社会风尚，不仅会对邪恶形成强制性压力，而且能造就扶正祛邪的氛围。因此，整治和清除邪恶，必须强化"法治"，净化社会风气。

围炉夜话

权势烟云过眼　奸邪平地生波

富贵不着眼里　忠孝常记心头

自家富贵，不着意里，人家富贵，不着眼里，此是何等胸襟；古人忠孝，不离心头，今人忠孝，不离口头，此是何等志量。

【译文】

自己家里富贵了，并不把它放在心上并刻意炫耀，别人家里富贵了，并不把它看在眼里而心生嫉妒，这是多么宽阔的胸怀！古人忠孝的事迹，时刻挂记在心头，在实践中效仿，今人忠孝的事迹，时刻挂记在口头，对之称道提倡，这又是何等高尚的气量！

【评点】

"富贵"二字，古往今来，引得多少人趋之若鹜。而一旦富贵显达，便觉身价倍增：或眼高过顶，看不起他人；或拼豪斗富，自鸣得意。一旦追求富贵而不得，看到他人富贵，顿生嫉恨羡慕之心：或趋炎附势，拍马奉迎；或恨生不逢时，怨天尤人；或捶胸顿足，指天骂地；或心生贪念，觊觎劫盗……

而人的价值是一个人内在思想境界、人格修养和外在言语行为的统一体，其贵贱高低取决于其思想言行是否专一正直，人格修养是否浑厚质朴，而并不取决于其拥有金钱财富的多寡和权势地位的高低。

若能明白这一点的人，在自己事业有成，拥有一定金钱、权势和地位时，就不会觉得自己有多了不起，也不会觉得比别人高贵多少。在生活中，就能与他人平等相待、和睦相处，真正做到贫贱之交不可忘，糟糠之妻不下堂。当看到别人拥有金钱权势、享有物质财富时，也会坦然相待，不嫉妒，更不会产生贪婪非分之念，而真正达到"富贵不淫、贫贱不移"的境界。

　　忠孝，是中华民族的传统美德。在古代，流传着许多忠孝故事，如"黄香扇枕温衾""仲由百里负米""花木兰代父从军""岳飞移孝为忠"等可歌可泣的故事，都是我们中华民族文化中积淀的精神财富。学习这些，我们能提高自己的精神境界，完善自己的人生。同时，在我们的身边，也有很多这样的典型人物和典型事迹，我们应该宣扬与提倡，以弘扬正气，净化社会风气，创造团结和谐、健康向上的氛围。不少人对古人的美德事迹，心向往之，而对身边优秀的人或事却漠视不见，甚至怀疑别人的动机，作出种种揣测，我们是否应该摒弃这种厚古薄今的做法呢？

物命可惜　人心可回

王者不令人放生，而无故却不杀生，则物命可惜也；圣人不责人无过，惟多方诱之改过，庶人心可回也。

【译文】

君王虽然不命令人们去放生，但也不会无故地滥杀生灵，这表明万物的生命都是值得珍惜的。圣贤之人不苛求别人不犯错，只是会用各种方法循循善诱人们改正错误，这样人心就可以由恶转善，回归正道了。

【评点】

"率土之滨，莫非王臣"，即使贵为天子，也不能漠视生命，滥杀无辜。所以宋儒提倡"民胞物与"的思想，推仁及于万物，因为人民与万物平等。古之君主，有的以杀生为乐，涂炭生灵，视生命为儿戏。这些君王，天怨之、地怨之、民怨之，在百姓的反抗中落得个身败名裂。如商纣王、隋炀帝，都是短命君王。而一些明智之君主，却视民为子、以民为本，时时关心百姓疾苦，体察民情，减小刑罚，从不滥杀生灵，即使对于一些有过错的人，也是以教育为主。因此，他们往往能够得到百姓的拥护，政业兴旺，国强民富。如汉文帝、唐太宗，都开创了一个兴盛的时代。所以荀子说："有社稷者而不能爱民，不能利民，而求民之亲爱己，不可得也。"唐甄也在《潜书》里说："有天下者而无故杀人，虽百其身，不足以抵其杀一人之罪。"

"人非圣贤，孰能无过？知过能改，善莫大焉。"即便是圣人、贤人，又怎能保证自己一定不会犯错？因此，对于他人，不能求全责备，而应以宽容的心对待别人的过错，并积极引导别人改过。要人绝对不犯错，是不可能的事。若是犯了小错，便不原谅他，反而会阻止其改过向善之心，他或许会犯下更大的错误。古之圣人先贤，距今虽然遥远，但今人若不能体察古人的用意，也真是辜负了那一份用心了！

处事不论祸福　立言贵在精详

大丈夫处事，论是非，不论祸福；士君子立言，贵平正，尤贵精详。

【译文】

大丈夫处理事情，只考虑这件事情是对还是错，而不会顾忌这样做对个人带来的是祸还是福。有气节的君子著书立说，贵在有公平正直之心，如果能精当详尽，那就更为可贵了。

【评点】

大丈夫处事，首先想到的一定是"是"和"非"，只论"是""非"而行事。所谓"是"，乃符合人道天道，利于群体，公众允许之事，否则即为"非"。

古往今来，许多仁人志士为真理而斗争，有的取得了辉煌的胜利，有的却因此而蒙冤，甚至献出宝贵的生命。哥白尼因坚持"日心说"，遭到了封建神权统治的迫害；许多无产阶级革命家为了人类的解放和自由宁死不屈，他们甘愿把牢底坐穿，也不向强权主义低头。真正的大丈夫，只要认定是正义的，就义无反顾地去做，有勇气承担一切福祸，而不会因此丧失人格。

著书立说，贵在言辞公允客观，不可偏私武断。这是其第一要义。因为文章是给人看的，若是观点有偏差，是非不辨，岂不是误导了众人？所以古人云："为文者，必当尚质抑淫、著诚去伪。"如果一篇文章或一本书，语言优美，包装很华丽，而内容偏私武断，或有误人子弟之处，那还不如不写。清代文艺理论家刘熙载在《艺概》中讲："实事求是，因寄所记。一切文字不外乎此两种，在赋则尤缺一不可。若美言不信，玩物丧志，其赋亦不可已乎！"因此，著作文章一定要客观公正，谨慎下笔，做到"以科学的理论武装人，以正确的舆论引导人，以高尚的精神塑造人，以优秀的作品鼓舞人"。

求名勿弃闲暇乐　治学须怀治世才

存科名之心者，未必有琴书之乐；讲性命之学者，不可无经济之才。

【译文】

存有追求科举功名心念的人，不一定会有琴棋书画的乐趣；讲求生命形而上境界的学者，不可以没有经世济用的才能。

【评点】

何人不欲成名？何人不欲建功立业？但为了建功立业，很多人却失去了生活的清闲和逍遥，失去了平常生活的兴趣和乐趣，活得忙忙碌碌、紧紧张张。现在，很多人在红尘中翻来滚去，什么时候能静下来慢慢欣赏一支曲，细细品读一本书呢？正如一首歌中唱的那样，"时时刻刻忙算计，谁知算来算去算自己"，孰得孰失，又有谁能说得清呢？庄子在《则阳》篇中说："荣辱立，然后睹所病。"过分关心个人的荣辱得失，就只能陷入忧愁、烦恼、苦闷的境地。庄子还在《徐无鬼》中说："钱财不积则贪者忧，权势不尤则夸者悲。"求科名之心甚切者，悲苦不堪，绝无人生乐趣可言。

要获得真正的人生乐趣，就应该淡泊名利，追求精神的超脱、自在，"荣辱毁誉，不上心头"，正所谓"去留无意，任天空云卷云舒；宠辱不惊，看窗外花开花落。"如孟子所言："穷不失义，达不离道。"无论得志不得志，皆能坦然处之，不受欲望的驱使，不做欲望的奴隶，不受外界的纷扰，始终保持自己的恬然，就会得到快乐、幸福，真正体味到生活的乐趣。

中国古人好讲求生命的形而上境界，或言"天人合一"，或论"心在自然"，甚至讲"心空寂灭"，其境界不可谓不高，不可谓不玄。然而，生命的真正境界并不在形而上之处，而在人生的现实取向之处；人生的真正价值也不在于谈玄论道，而在于有没有经世济用的才能，能不能为社会、为人民做出贡献。

　　人不能脱离社会独立生活，只有脚踏实地、躬行实践，才能走正人生的道路，创造人生的价值，体味生命的真谛。否则，人生就是索然无味的。生命是短暂的，在有限的生命里，我们是可以更好地创造出人生的价值的。

求名勿弃闲暇乐　治学须怀治世才

静而止闹 淡而消窘

泼妇之啼哭怒骂，伎俩要亦无多，惟静而镇之，则自止矣；谗人之簸弄挑唆，情形虽若甚迫，苟淡而置之，是自消矣。

【译文】

泼妇的哭闹怒骂，其花样玩来玩去不过就那么几招，只要镇定自若，不加理会，那么她便会自觉无趣而偃旗息鼓了。好飞短流长、说人坏话的人，总是在搬弄是非、挑拨离间，此情形虽然令人很窘迫，但如果能淡然处之、不屑理睬，流言蜚语也就自然消弭于无形了。

【评点】

泼妇善于骂街，遇事不顾体统，只会吵闹，这种人，谁见谁怕。你若和她较真，肯定不是对手，反而使她撒泼更甚，更加得意，而自己却陷入尴尬，有失大雅。对待这种人，无须与她计较，态度镇定，行若无事，不予理睬。等她吵闹得筋疲力尽时，便自觉无趣了。

泼妇还好对付，最可厌的是那些搬弄是非的小人，这种小人专逞口舌中伤人。他们无中生有、捕风捉影、小事夸大、节外生枝，当面一套，背后一套。因此，较泼妇们无意义的言辞来说，他们的话语更是厉害十分了。但正如俗语所言，"清者自清，浊者自浊"，"路遥知马力，日久见人心"，谎言终有被揭穿的时候，众人自会明了"说人是非者，即是是非人"的道理。正如智者老子说的："圣人之道，为而不争。以其不争，故天下莫能与之争。"不争之德，本身也是一种争，争千秋，而不争一时。只要行得端、走得正，泼妇之闹、诽谤之词自会止息了。

46

救人坑坎活菩萨　脱身牢笼大英雄

肯救人坑坎中，便是活菩萨；能脱身牢笼外，便是大英雄。

【译文】

肯去救助陷于艰难困苦境地的人，便如同在世的活菩萨；能不受世俗人情的束缚，超然俗事之外，便可以称之为大英雄。

【评点】

菩萨是佛教用语，是指普度众生、救人于难，具有"菩萨行"的人。除了奉行五戒十善而求自身的了悟之外，最重要的是一种德行，就是救人困厄、解人苦难的心行。所以"菩萨"并不专指庙里供人膜拜的偶像，而包含着更深层的潜藏于心、由衷敬慕的良心、义行、善为。

人生的道路是漫长而坎坷的，"天有不测风云，人有旦夕祸福"，当他人陷入困境之时，有"菩萨行"的人应该伸出援助之手，"雪中送炭"，"救人坑坎中"。人生的坎坷，多不是外在物质的匮乏，而是内心的迷失。这时，就更需要有人去为他解脱内心的犹疑、困惑、迷茫，为他指点迷津。

踏平坎坷、战胜困难，本就需要巨大的勇气和坚强的毅力，而要战胜自我，使自己"能脱身牢笼外"，则更为艰难，更需要有百倍的勇气和非凡的毅力。在现实生活中，传统的重负、人情的纠葛，以及自己的俗性、偏执，紧紧地禁锢着人自身，这便是人身的"牢笼"。要获得人生真正的自由，就必须冲破"牢笼"，才有可能成就"大英雄"。

那么，人怎样才能冲破牢笼呢？《菜根谭》中有云："忙处不乱性，须闲处心神养得清；死时不动心，须生时事物看得破。"要冲破"牢笼"，贵在平日里修身养性，洞明事理；要冲破"牢笼"，还必须在各种复杂的环境里经受磨炼，以形成坚定的心性和品质。

气性乖张夭亡子　语言尖刻薄福人

气性乖张，多是夭亡之子；语言尖刻，终为薄福之人。

【译文】

脾气性情怪僻偏执的人，大多数是短命之人；言谈话语过于尖酸刻薄的人，终究是福分浅薄之人。

【评点】

心理学研究表明，脾气性情怪僻、执拗的人，喜怒无常，有时激动、暴怒，有时又忧郁、悲观，甚或惊慌恐惧。长时间处于这种心理状态，则容易影响身体健康。如经常忧虑重重，好生闷气，拘谨敏感，就容易患抑郁症；若经常孤独胆怯，多疑多虑，情绪无常，则易患精神分裂症。因此，社会上因心理不平衡而伤人或自伤者多为这类人。

造成这种人格缺陷的因素极多：有的是因家境不好，有的是因家庭教育方式不当，有的是因遭遇某事件受到重创……原因不一。要使他们恢复心理健康，家庭、学校、社会应给予更多的帮助，使他们得到心理的辅导，重建正常健康的人格，养成良好的性格品质，更好地适应社会。

讲话总是尖酸刻薄的人，活得十分辛苦。他们对事斤斤计较，对人怀疑嫉妒，终日为利害所纠缠。因此，内心永无安逸，食不知味，寝不安席。这种人又怎么会有福气呢？

历史上，脾气怪僻、执拗之人，多为短命之徒。张飞暴而无恩、鞭挞壮士，最终自己也被人所害；周瑜心胸狭窄、气量极小，最终被诸葛亮三气而亡，年仅三十六岁。不管是谁，只要行事大方、处世豁达、做人厚道，总能够得到世人的尊重和帮助，必定会成为多福多寿之人。

志不可不高　心不可太大

志不可不高，志不高，则同流合污，无足有为矣；心不可太大，心太大，则舍近图远，难期有成矣。

【译文】

人的志气不可不高远，志气不高远，就会同流合污，不会有什么大的作为；人的野心不能太大，野心太大，就会放弃切实可行的实事而去追求远不可及的梦想，这就很难期望有什么真正的成就了。

【评点】

古人云："有志者，事竟成。"人要立志，而且要立大志。一个人的志气不高，就没有高远的目标，也就无所谓追求，没有一定的原则可坚守，便不可能有所作为。或者有一定的作为，但不会成大事，因为一旦小的"追求"成为现实，便可能停滞不前，而不再积极进取。一个志气高远的人，身处顺境，能顺势作为；身处逆境，也能潜心努力。伟大的无产阶级革命家周恩来，青年时期便立下"为中华之崛起而读书"的远大志向，他毕生矢志不移地为之奋斗，终于为中华民族解放和社会主义建设事业立下了不朽的业绩。

一个人的志气不可不高，而一个人的野心却不能太大。人心是永远不会满足的，所谓"野心"，就是对权力、名利等事物非分的贪欲。野心太大，就会好高骛远，不切实际，盲目行事。

"不积跬步，无以至千里；不积小流，无以成江海。"再远的路，也要一步一步地走。好高骛远，不脚踏实地，等待他的只能是一事无成。

贫贱不可失志　富贵不忘济世

　　贫贱非辱，贫贱而谄求于人者为辱；富贵非荣，富贵而利济于世者为荣。讲大经纶，只是实实落落；有真学问，决不怪怪奇奇。

【译文】

　　贫穷和地位低微并不是羞耻的事，由于贫穷低贱而去奉承讨好别人以谋求非分利益的人，才是可耻的；富贵也不是什么值得炫耀的事，富贵而又能够帮助他人，有利于世，这才是荣耀的。讲求经世治国的大学问，只能是求真务实、落到实处；有真才实学的人，决不会去稀奇古怪地故弄玄虚。

【评点】

　　"富贵不能淫，贫贱不能移。"家财万贯，身居高位，也不可以骄奢淫逸；家贫位卑，仍要保持高尚的节操和志向。

　　贫困与地位卑贱，并非可耻之事。既然生来如此，那就应该坦然处之。相反，贫贱倒是磨炼一个人的志向、情操的绝好环境。况且贫贱与富贵并非不可转变，关键在于自己的努力与追求。假如因为自己的贫困和位卑而折腰谄媚，以博取功名富贵，不但会失其人格、坠其骨气，而且为人所不齿。反之，那些荣华富贵、身居高位者，如果花天酒地，骄奢淫逸，而非广施博济、造福世间，那么这种富贵不但不值得炫耀，而且还会因此而延祸于身。

　　经世治国，关键在于切合实际，切实可行。而现在有些干部却是纸头政绩，外加作秀，这种"政绩"，留给老百姓的除了憎恶，还能有什么？结合实际，根据当地的具体情况，制定切实可行的发展策略，并一以贯之地勠力执行，这样的干部，才能带领人民走向共同富裕，才能真正成为人民的好公仆。

同样的，有真正的学问，决不会去高谈怪诞不经的言论。

敦伦者即物穷理　为士者顾名思义

古人比父子为桥梓，比兄弟为花萼，比朋友为芝兰，敦伦者，当即物穷理也；今人称诸生曰秀才，称贡生曰明经，称举人曰孝廉，为士者，当顾名思义也。

【译文】

古人把父子关系比喻为乔木和梓树，把兄弟关系比喻为花与萼，把朋友关系比喻为芝兰香草，因此，努力敦睦人伦关系的人，应当由万物事理推究人伦关系的义理；现代的人称呼读书人为秀才，称呼贡生为明经，称呼举人为孝廉，作为读书人，应该顾名思义，从这些名称中领悟它们的含义。

【评点】

由自然界的万物事理，推见人世间的人伦之理，是古人聪颖不凡、融会贯通之处。父子为桥梓，即父子关系好像乔木与梓木的关系。乔木高高在上，而梓木伏于其下，正像儿子对父亲孝顺一样。如果子凌驾于父之上，是不合人伦常理的。兄弟为花萼，即兄弟间手足之情，如花与萼同根而生，同出一枝，相互依存，相互扶持。兄弟间不能和睦相处，甚至反目为仇，是不合人伦常理的。朋友为芝兰，即朋友间的情谊如同芝兰香草一样，患难与共，香气幽远，品行高尚。若沆瀣一气，同流合污，狼狈为奸，便不是真正的朋友。

古人认为，天地万物皆为情，情理不可违；万物生长皆有序，顺序不可悖。由此，天地才有祥和之气。人伦井然，亲情有定，长幼有序，友和谊长。"打虎还是亲兄弟，上阵还是父子兵""患难与共是朋友，肝胆相照见真情"这些古人的话语，正反映了古人的这种人伦追求。现代社会，人伦关系与封建社会已有很大的不同，但是，父子、兄弟、朋友，还是应该和睦相处、患难与共，这种朴素的情感是古今如一的。

　　"秀才"，是古人乃至今人对读书人中能够学有所成的人的称谓，禾苗茁壮为"秀"，因此，读书人贵在知书达理，学有所成；"贡生"，是指能够明白经书中的道理，并能身体力行的人，经不明、身不正、行不实的人，就不能称之为"贡生"，或空有"贡生"之名；"举人"，是指那些有学识、有作为，并具有孝顺清廉德行的人。汉时实行推举制，选孝顺或清廉者为官，这是"举人"一词的由来。从这些名称，可以看出寄托了社会对读书人的一种期望，读书人应循其名而求其实，明确自己的责任、使命，做到名副其实。现代社会，已没有了封建社会那么多的名号，但是作为现代读书人，我们仍然要做到知书达理、学有所成、身体力行，将书本知识运用于实践；在德行上，做到清廉公正，保持一个读书人的骨气。

以身作则教子弟　平心静气处小人

　　父兄有善行，子弟学之或不肖；父兄有恶行，子弟学之则无不肖。可知父兄教子弟，必正其身以率之，无庸徒事言词也。君子有过行，小人嫉之不能容；君子无过行，小人嫉之亦不能容。可知君子处小人，必平其气以待之，不可稍形激切也。

【译文】

　　父兄长辈有好的行为，子弟们学习起来也许会学不像；父兄长辈有不好的行为，子弟们学习起来就没有什么不像的。由此可见，父兄长辈教导子弟，必须先要做到自身行为正直，为子弟做好表率，而不能只做徒劳无功的言辞教育。君子行为有了过错，小人就会因为嫉妒他们而不肯放过；君子行为没有过错，小人也会因为嫉妒他们而不能容纳。由此可见，君子和小人相处，必须平心静气以待，而不能在行为上露出一点激动、浮躁的样子。

【评点】

　　父兄有善行，子弟不容易学，恶行却是学得很像。这是因为人的本性就像水流一样，往下流容易，往上流难。修行好比爬山，父兄登在高处，子弟不一定爬得上；父兄若在坑谷，子弟一滚就下来了。因此，"教子弟"最重要的是自己先端正身心，以身作则，起到好的表率作用，这样才能使子弟心悦诚服。正所谓"身教重于言教"。

　　孔子曰："其身正，不令而从，其身不正，虽令不从。"只有先"正己"，才能够"正人"。强调身教的重大作用，在今天仍具有重要的意义。做长辈、做领导的，如果只是夸夸其谈，满嘴仁义道德，实际上却不正其行，人前一套，人后又是一套，晚辈或是下属又怎么可能不受其影响而为非作歹呢？"身不行道，不行于妻子。"自己不按照道德办事，连妻子儿女都不会听信于他，更何况别人呢？

小人嫉妒君子，是小人的本性。在小人的眼里，君子本来就是那么的刺眼，如果那些有德的君子犯了一些小过失，马上就会被小人夸大、渲染。所以，君子和小人相处时，一要慎言慎行，正己正身；二要平心静气，不要太迫切于维护真理而责备对方，淡然处之才是真。

守身思父母　创业虑子孙

守身不敢妄为，恐贻羞于父母；创业还须深虑，恐贻害于子孙。

【译文】

一个人要爱护自身、谨守品节，而不胡作非为，以免因为自己的德行不好，给父母留下羞辱；一个人创立事业要深思熟虑，以免因为在大的抉择上出现失误，给子孙留下无穷隐患。

【评点】

我们常在报纸、电视等媒体上看到，已沦为阶下之囚的某些贪官污吏在狱中悔恨不已，"上对不住父母，下亏待妻子儿女，又辜负了党多年来的培养，如果还有机会的话，我以后一定痛改前非。"这些话语，可能是他们追悔莫及的肺腑之言。但这些恣意妄为的人，怎么就没有在跨出令人悔恨的那一步前，考虑到"上贻羞于父母，下贻害于子孙"呢？东窗事发后才醒悟，却悔之晚矣。

古人云："欲治其国者，必先齐其家，欲齐其家者，必先修其身。"故将修身置于第一位。古人又云："不患名之不著，而患德之不立。"功名昭著而寡德，丧功败名即在须臾；同样，厚贻子孙以钱财，而不树其德，丧家败业便在旦夕。德立，富则修其身，守其成。广施博舍，以德守富，或许守得长久；无德，则为富不仁，不但必失其富，甚或蹶其身，祸延子孙。俗谚有云："遗儿孙以金碗，不若遗其以道德。"历史上凡为子孙计久远者，莫不如此。

不可有势利气　不可有粗浮心

无论做何等人，总不可有势利气；无论习何等业，总不可有粗浮心。

【译文】

不论是什么样的人，都不能够有势利气；不论从事何种行业，都不能够有粗疏浮躁之心。

【评点】

人与人交往，靠的是真诚和爱心，靠的是情感的交流和心心相印，而不是重利轻义。古人云："君子之交淡若水。"所以，自古以来，君子择友、待人，均以义为重，讲诚信、仁爱、正义、谦恭，而不势利。因为人生而平等，只有贫富之别、职位之别，而无高低贵贱之分。

势利者则不然，他们唯利是图，赤裸裸地表现出对权势的巴结和对财利的追逐；他们鼠目寸光，见利忘义，在人格上也颇卑下。古人说得好："以势交者，势倾则绝；以利交者，利穷则散，故君子不与也。"

待人须实实在在，不可势利；做事也要仔细认真，切勿粗心大意。司机疏忽酿车祸，屡见不鲜；指挥官不慎决策误大局，也常有。关羽大意失荆州，成千古遗恨。所以"一着不慎，满盘皆输"，"差之毫厘，谬以千里"。毛泽东同志曾说，世间之事，怕就怕"认真"二字。因此，只要我们踏踏实实，一步一个脚印，谨慎从事，任何事情都可以成功。

衡量自己莫虚骄　预想来日要发愤

知道自家是何等身份，则不敢虚骄矣；想到他日是那样下场，则可以发愤矣。

【译文】

能够清醒地认识到自己是什么样的人，就不敢虚浮而骄傲自大了；想到如果虚度了年华，将会落得一事无成的下场，就应该发愤图强了。

【评点】

夜郎国，乃弹丸之地，其国土面积、人口、资源岂能和大汉相比？然而，夜郎王却自以为是，以为是天下第一大国了。结果，只落得个"夜郎自大"的笑柄。所以，中国古人说"人贵有自知之明"，就是告诫人们要"知道自家是何等身份"，切不可高估自己。人贵自知，然而"自知"却是最难的。有的人小有才能，就自以为了不得；有的人没有什么真实本领，却十分傲慢。殊不知，以这种心态看自己，就像站在凸透镜前，看到的自己总是比实际要大一号。林语堂曾经说过，"一个人在世上，对于学问是这样的：幼时认为什么都不懂，大学时自认为什么都懂，毕业后才知道什么都不懂，到晚年才觉悟一切都不懂"。因为，相对于我们已知的，未知的世界永远是更为广阔的。

一个人年轻时如果不肯努力，浑浑噩噩，自以为是，到头来肯定是一事无成。正所谓"少壮不努力，老大徒伤悲"。人生有涯学无涯，因此，我们要趁着年轻，立下宏愿，奋发图强，充实自我，立一番伟业，铸一派辉煌。

心动警励可再兴　势成因循难再振

常人突遭祸患，可决其再兴，心动于警励也；大家渐及消亡，难期其复振，势成于因循也。

【译文】

平常人突然遭遇灾祸忧患，可以下定决心，奋发图强，再图振兴，这是因为他心中的忧患意识在不断地警诫和激励他；而名门望族日渐走向消减败亡的时候，却很难期望他们重新振兴起来，这是因为他们已养成了因循守旧的习性而难以改变了。

【评点】

常言道"人生不如意事十之八九。"人生之旅遇到坎坷，乃是常事，关键在于如何对待这些意外变故。所幸的是，"常人突遭祸患，可决其再兴"。这是因为"心动于警励也"。甚至不少人"因祸得福"，生活的坎坷，人生的磨难，意外的打击，促使他们更加奋发进取，迎难而上，结果取得了不凡的业绩。宫刑之辱，使司马迁写出了"史家之绝唱，无韵之《离骚》"的《史记》；亡国灭族之灾，使勾践"卧薪尝胆""三千越甲终吞吴"；张海迪虽遭遇高位截瘫之难，却奋然与命运抗争，研习文学，苦读外语，专研医道，为社会做出了应有的贡献，成为时代的楷模……古者今人，这样的事例举不胜举。由此可见，人的进取精神有多么强大。

但是，为什么"大家渐及消亡，难期其复振"呢？这是一个值得深思的问题。一个家庭、一个团体、一个国家日趋衰微，逐渐败亡，的确是难以挽回的。究其原因，虽然极为深刻复杂，但"势成于因

61

循"却是最根本的。因循守旧,在大家都感到十分安全的情况下,对日益积累的各种弊端、陈规陋习,却熟视无睹,对已发生的危机视而不见,对行将灭亡的命运,亦无所警觉。及至家将败、国将亡,才思兴利除弊,企图逃脱厄运,却已为时太晚。如明朝末代皇帝朱由检,与其他亡国之君相比,不可谓没有头脑,不可谓不奋发图强。但是,"冰冻三尺,非一日之寒",明王朝至此,政治黑暗,官场腐败,民怨沸起,内乱外侵,已到无可救药的地步。纵使崇祯皇帝力挽狂澜,亦回天乏力,劫数难逃了。

所以,我们要有忧患意识,警钟长鸣,时刻保持清醒的头脑,审时度势,见微知著,防患未然,及早采取有力、有效的措施。这样,才能兴家、兴族、兴业、兴邦。

生命有穷期　学问无定数

天地无穷期，生命则有穷期，去一日，便少一日；富贵有定数，学问则无定数，求一分，便得一分。

【译文】

天地永存，没有极限，但一个人的生命却是有限的，时光消逝一天，生命便少一天；富贵自有定数，但学问却不是如此，只要用功一分，便能够增长一分。

【评点】

"时间就是生命。"钟表上的秒针每移动一下，墙上的日历每撕下一页，就表示我们的生命已经缩短了一部分。光阴似水，岁月如流；仰望河汉，苍穹浩瀚；日月星辰，物换时移。人的生命，在宇宙的计时表上，只是一瞬，何况青春呢？因此，当我们每翻过一页日历的时候，都应该反省自己：我今天干了什么？我留下了什么？我给予了什么？明白了人生的短暂，我们就应当珍惜每分每秒，去发奋读书，努力工作。切不可彷徨蹉跎、浑噩度日，否则，到头来只能落个"白发徒伤悲"的结局。所以，奥斯特洛夫斯基在《钢铁是怎样炼成的》一书中发出了这样的感叹："人最宝贵的东西是生命，生命属于我们每个人只有一次。一个人的一生应当这样度过：当他回首往事的时候，他不因虚度年华而悔恨，也不因碌碌无为而羞愧。临死的时候，他能够对自己说：我把整个生命和全部精力，都贡献给了世界上最壮丽的事业——为人类的解放而斗争。"

对一个人来说，人生的价值，不是体现在显赫的家世、尊显的地位，而是对知识、理想、人格、道德的执着追求。一个人只有不断地学习，才能够达到至善。古人云："学而不已，阖棺乃止"，"学者之患，莫大于自足而止"。只要我们有"活到老，学到老"的精神，就会在知识的海洋里探索到无尽的宝藏。

做事要问心无愧　创业需量力而行

处事有何定凭，但求此心过得去；立业无论大小，总要此身做得来。

【译文】

为人处事，并没有什么固定的行为标准，只要能做到问心无愧就行了；创立事业，不论是大是小，都要量力而行，总得自己的能力担当得起才行。

【评点】

每个人的内心，都有自己的行为标准，但不同的人，他们的行为标准可能大不一样。孰是孰非，是好是坏，并没有一个不变的标准。所以，一个人为人处事，要想做到每个人都满意，几乎是不可能的。有时你煞费苦心，倾其所能，结果有时也只是毁誉参半。那么，我们如何确定自己的行为标准，理智地选择自己的行为方式呢？既然想讨好所有人是不可能的，那么，我们在事后扪心自问："不管这件事得罪了什么人，至少，我对得起自己的良心。"能够做到这一点就行了。如果我们做每件事都谨小慎微，怕张三不理解，怕李四不高兴，"我不这样做，别人会怎样说"，"假如我那样做，别人又会怎样评价"，顾虑重重，结果是失去了自信，丢掉了自我。这种人活得很累，他们把精力全部消耗在应付环境、讨好别人的细节上，却还是"众口难调"，不能不说是一种悲哀。

无论从事哪一种行业，最重要的是对自己的能力有一个清醒的认识，量力而行。古人说得好："知人者智，自知者明。"正确估计自己的能力，是一滴水就融入大海，是一块砖就甘作路基，是栋梁就去支撑大厦，是鹰隼就去搏击长空。这样，无论你从事的事业是造原子弹还是煮茶叶蛋，是拿手术刀还是拿剃头刀，都能找到真正属于自己的一片天空。哪怕你的岗位在别人看来很低微，只要你能够量力而行，坚守岗位，默默奉献，那么，即使是在最平凡的岗位，也能创造出不平凡的业绩。时传祥、李素丽、徐虎，他们不都是在平凡的岗位上干出了为世人所瞩目的成绩吗？

气性须和平　语言戒矫饰

气性不和平，则文章事功，俱无足取；语言多矫饰，则人品心术，尽属可疑。

【译文】

一个人的脾气性格不温和平正，那么他的学问文章和事业成就，就没有什么值得效仿的地方；一个人的语言故意做作、虚伪不实，那么这个人的人品和心术，都值得怀疑。

【评点】

"文如其人。"一个人没有开朗豁达、平心静气的品性，而是性格冲动，脾气浮躁，他就不可能写出立意高远、见地深刻的好文章来。"成事功性。"试想，一个人没有执着专注、持之以恒的态度，而常常心神不定、冷热无恒，他可能专心做事，建功立业吗？所以，要想成为一个真正成大气候者，就必须首先抛弃"小家子气"，做到心性平和，待人以诚，以一颗豁达的心，对待身边的人、事、物。

"言为心声。"从一个人的言谈举止中，我们便可以发现和体味他的思想品位；从一个人的"文采"中，也可以看出其学识造诣的高低和作为的大小。但是，文采的光华生于实、切于准、巧于趣，而绝不是虚伪矫饰、哗众取宠。《国语·晋语》中说："言之甘，其中必苦。"意思是说，甜言蜜语里面往往有苦涩的东西。唐代的李林甫，不学无术，却学会了一套奉承拍马的本领。他和宫内的宦官、妃子勾结，探听宫内的动静。唐玄宗在宫里说些什么，想些什么，他都先摸了底。等到唐玄宗找他商量什么事，他就对答如流，简直跟唐玄宗想的一样。唐玄宗听了挺舒服，觉得李林甫又能干，又听话，比后世称颂的一代贤相张九龄强多了，终于借个由头撤了张九龄的职，让李林甫当了宰相。李林甫表面上对每个人都不动声色，笑脸相待，却在背地里将他的政敌一个个剪除。李林甫当了19年宰相，一个个有才能的正直大臣全都遭到排斥，一批批钻营拍马的小人都受到重用提拔。也正是在这个时期，唐朝从兴盛转向衰败，从"开元之治"走向了"天宝之乱"。

耍聪明何若守拙　滥交友不如读书

误用聪明，何若一生守拙；滥交朋友，不如终日读书。

【译文】

聪明用得不是地方，还不如一辈子谨守本分；随便乱交朋友，还不如整天在家闭门读书。

【评点】

聪明用得好，事半功倍，作为不凡；聪明用得不是地方，就会"聪明反被聪明误"。《红楼梦》中的王熙凤，天资聪颖，八面玲珑，精明强干，可谓是巾帼英雄。但是，她耍尽各种"小聪明"，换来的却是贾府上上下下对她的嫉恨和积怨，最终落得个悲惨结局。正如书中所言："机关算尽太聪明，反误了卿卿性命。"

中国古人有句话说得好："大智若愚，大巧若拙。"真正有大智慧的人，不会在一些细枝末节上斤斤计较，耍"小聪明"，而只会在大的方向选择和行为决策上果断决然，选择正确的道路。因此，这种人也许在现实生活中有很多地方在一般人看来有点傻，但正是这种傻，却也是一般人学不到的。

交友是人生的需要，也是人求知成才、立业成事不可或缺的条件。古人云："独学无友，则孤陋寡闻。"不愿交友的孤家寡人是不会有大的出息的。然而，"君子择交而友"，不善交友、滥交轻率的人，则百害而无一利。《文中子·礼乐》篇云："以势交者，势倾则绝；以利交者，利穷则散。"《战国策·楚策》也言："以财交者，财尽而交绝；以色交者，华落而爱渝。"可见，交友不适当，不会有好的结果，此时还不如与书为友。

放开眼孔读书　立定脚跟做人

看书须放开眼孔，做人要立定脚跟。

【译文】

读书要放开眼界，心胸开阔；做人要掌握原则，站稳立场。

【评点】

看书既要用"肉眼"，更要用"心眼"。因此，放开眼界，开阔心胸，是读书明理的通幽之道。

眼界不开阔，目光短浅，看书便只能看到书上的字，而看不到书中的义；只能在字里行间浏览，而不能在奥义理法中求道。若心胸狭窄，看书便只能狭隘取舍，偏执认理，如井底之蛙，死守着井口那么大的一方天地。

书，是敞开心扉、洞明事理的良师益友。因此，看书必须放开"心眼"。而要放开心眼，根本的是清除心底的障碍和杂念。中国自古反对读书有奢求，有奢求必然患得患失，心神不定。清代大儒黄宗羲说过："浮名人误人，成实岂宜享！"读书有求奢之累，必然心眼不明，昏昏然无所作为。

做人要立定脚跟，此乃心中的定根，即做人处事必须坚定信念，坚持原则，站稳立场，不违初衷。社会生活纷繁复杂，五花八门，扑朔迷离。人一旦动摇了自己的信念，失掉了自己的主心骨，就会左右摇摆，无所适从，甚至误入歧途，走上邪路。一个人要做到在任何时候、任何情况下，都能坚定信念、站稳立场，其根本在于确立科学深邃的理论思维和远见卓识的认知境界，关键在于正确地判断是非，清醒地排除干扰，只有这样，才能坚实地开拓前进，为社会、为人民奉献自己的聪明才智，书写人生高远有为的新篇章！

放开眼孔读书　立定脚跟做人

持身贵严 处世贵谦

严近乎矜，然严是正气，矜是乖气，故持身贵严，而不可矜；谦似乎谄，然谦是虚心，谄是媚心，故处世贵谦，而不可谄。

【译文】

严谨有时看起来近似矜持，但严谨是正直的习气，而矜持却是乖僻的习气，所以修身律己要严谨持重，而不能够矜持傲慢；谦虚有时看起来像是谄媚，然而谦和是虚心待人，谄媚是奉承别人，所以为人处世谦虚是可贵的，但不可谄媚。

【评点】

吕新吾在《呻吟语》中说："士气不可无，傲气不可有。"这里的士气，就是指一个人应该有的自尊、自重、庄严、正直之气；而傲气则是指目空一切、夜郎自大、盛气凌人之气。

有士气的人能够认清自己的地位、职责和使命，始终遵守正道，洁身自好，不会趋炎附势、屈膝乞颜地迎合别人，也不会拒人于千里之外。这种人"望之俨然，即之也温"，"待人持正，谋事有道"；有傲气的人则不然，一无自知之明，唯知自负；二无上下分寸，蛮横骄纵；三无责任意识，我行我素。

不过，庄重和傲慢常常会产生心理错觉。当涉及自己时，我们往往容易将自己不自觉的傲慢误认为庄重；而看待别人的时候，却可能将对方的庄重误认为傲慢。因此，一个人应该走出自己的心理误区，做到自重而不自大，自尊而不自傲，既要严谨持重，又不能拒人于千里之外。

谦虚者往往不喜欢将自己的成绩挂在嘴上，对别人的长处和业绩却是赞不绝口。谄媚者对别人奉承讨好，尽说好话，而自己则装作一副谦和的模样。从表现上看，两者确实有相似之处。但是，谦虚是行由衷使、待人有礼，是对别人的真心赞许；而谄媚则是别有用意、虚伪矫饰的，表面上在恭维你，内心却在想着能得到什么好处，甚至在算计着什么。

　　古希腊哲学家苏格拉底曾说过："谦虚是藏于土中甜美的根，所有崇高的美德由此发芽而滋长。"

善用钱财　无愧福禄

财不患其不得，患财得而不能善用其财；禄不患其不来，患禄来而不能无愧其禄。

【译文】

不要忧虑得不到财富，而要担心的是，得到财富后，却不能将这些财富用在正当之处；不要担心福禄不会降临，而要担心的是，福禄降临后，却不能问心无愧地安享这些福禄。

【评点】

"人为财死，鸟为食亡"。为了追求金钱，人连生命都可以不要。钱财似乎成了我们生活的推动器，但钱财一定会给生活带来快乐吗？这也不一定。

有钱，还得善用钱财。奢靡浪费，只能败家丧身，害人害己；当守财奴，一毛不拔，那钱财与一堆废纸又有何区别？其实，钱财若用于正途，未尝不是一股力量，救济扶贫、资助失学儿童、赡养孤寡老人……只有让钱财有益于民生、有益于社会，才是真正发挥财富的作用。

官禄、福分同钱财一样，世人都渴望得到。然而，多少人从基层做起，艰苦奋斗，一旦身居高位，却放松警惕，口乱开、手乱伸，拍脑袋决策，拍胸脯保证，结果只能拍屁股走人，甚至步入囹圄，败身丧命。因此，面对好不容易来临的官禄福分，我们更要谨慎从事，要时刻记住，你所有的一切都是人民给予的，不能"执政为民"，而是存私心杂念的话，那么人民能把你捧上台，也能把你轰下台。如果做官始终将"民"放在首位，一切为了人民的利益，每件事都能做到无愧于心，那么自然会不负众望，受到众人的拥戴和尊敬。

交朋友益身心　教子弟立品行

交朋友增体面，不如交朋友益身心；教子弟求显荣，不如教子弟立品行。

【译文】

结交朋友如果是为了自己脸上有光，还不如去结交一些真正对自己身心有益的挚友；教导子弟去追求荣华富贵，还不如教导子弟树立良好的品行。

【评点】

有的人喜欢同一些达官贵人、知名人士交朋友，希望"秃子跟着月亮——借光"。逢人便炫耀自夸一番，借此提高自己的身份，这实际是极为愚蠢的行为。因为人之相交，贵在相知。"面子一张皮，不着真心处"，交朋友如果是为了自己更有面子，那么他结交的只是"一张皮"而已。古人说得好，"人生难得一知己"，若能交上几个"患难时刻能够与共，闲来把酒可论古今"的朋友，倒是人生一大快事。

而今，家庭教育越来越重要。对子女的教育应着重于立身为人的品格，而不是教育孩子去追求荣华富贵。

当今时代，是竞争的时代，前辈留给后代的财富只能是暂时的。要想得到真正属于自己的幸福，只有自己去拼搏、去争取。让跌倒的孩子自己站起来，让经历挫折的孩子自己走出来，就是在从小培养孩子自立自强的意志和品行。这样，在今后的人生旅途中，他就会坚定地走自己的路，百折不挠，有所作为。而不是躺在前辈所留的福荫下，恣情享乐，庸碌一生。

忠信方为君子　机关枉做小人

君子存心，但凭忠信，而妇孺皆敬之如神，所以君子乐得为君子；小人处世，尽设机关，而乡党皆避之若鬼，所以小人枉做了小人。

【译文】

君子为人处世的出发点，是忠诚守信，所以妇孺老小都像尊敬神明一样尊敬他们，因此君子乐意被人称为君子；小人为人处世，总是处心积虑，用尽心机，所以父老乡亲都像躲避厉鬼一样躲避他们，因此小人精心勾画，却仍然不过是白白做了小人。

【评点】

君子，即指人品高尚、才学出众的人；小人，即指人品卑劣、见识浅薄的人。孔子曰："富与贵，是人之所欲也。不以其道得之，不处也。贫与贱，是人之所恶也。不以其道避之，不去也。"这一段话，从道德方面讲明了君子与小人何以区分。发财与升官，是许多人的欲望，但君子绝不通过不正当的手段去得之；贫穷和卑贱，是每一个人所厌恶的，但君子绝不会通过不正当的手段去摆脱它。"君子义以为质，礼以行之，逊以出之，信以成之。君子哉！"在事业上，君子以义为根本，以礼仪来实行它，以谦逊的言辞来表达它，以真诚的态度去努力完成它。孔子还说过："君子喻于义，小人喻于利。"君子能谨守义礼，以忠信待人；小人却只顾眼前小利，苛求他人。君子乐于帮助别人，成全好事，不助长别人的错误；小人却是处处费尽心机，不顾他人死活，自私自利。正因为这种分野，君子能得到大家的信任与敬重，而小人却只会是"费尽心机白算计"，到头来，只落得个众叛亲离。先哲孟子曾说过："得道多助，失道寡助。"老子《道德经》中也说："夫唯不争，故天下莫能与之争。"我们只要谨守正道，忠信处世，那么，自然会得到他人的鼎力帮助，成就一番事业。而如果斤斤计较，处处算计，只能是无人信赖，最终也只能是"竹篮打水一场空"。

严于律己　宽以待人

求个良心管我，留些余地处人。

【译文】

自己要讲究良心，并以之管束和规范自己的行为；要留些退路给别人，让别人也有容身之处。

【评点】

春秋时期，齐相晏子为官清廉公正，为人正直无私，被当世传为美谈。《晏子春秋》中记载了这样一个故事："晏子方食，景公使使者至，分食食之，使者不饱，晏子亦不饱。使者反，言之公。公曰：'嘻！晏子之家若是其贫也！寡人不知，是寡人之过也。'使吏致千金与市租，请以奉宾客。晏子辞。三致之，终再拜而辞曰：'婴之家不贫，以君之赐，泽覆三族，延及交游，以振百姓，君之赐也厚矣，婴之家不贫也。婴闻之，夫厚取之君而施之民，是臣代君君民也，忠臣不为也；厚取之君而不施于民，是为筐箧之藏也，仁人不为也；进取于君，退得罪于士，身死而财迁于他人，是为宰藏也，智者不为也。夫十总之布，一豆之食，足于中，免矣。'景公谓晏子曰：'昔吾先君桓公以书社五百封管仲，不辞而受，子辞之何也？'晏子曰：'婴闻之，圣人千虑，必有一失，愚人千虑，必有一得。意者管仲之失而婴之得者耶？故再拜而不敢受命。'"晏婴正是因为能时刻以这种道德标准要求自己，严于律己，才使自己的言行举止富有感召力，从而在齐国三朝为相，使齐国称霸东方。

现实生活中，却总有那么一些人，抱守着"权力不用，过期作废"的错误思想，在位时不能为民生、民权、民利奔走，而是逐欢谋利，贪赃枉法，"良心"于他们，只是潜藏于心灵某个角落，蒙满灰尘的一个遗弃品。只有当他们为此付出了惨痛的代价之时，才会将搁置已久的"良心"重新拿出来打扫一下，但这时往往为时已晚、徒呼奈何了。

"人非圣贤，孰能无过？"每个人都难免有犯错的时候，因此，对待他人的过失我们应该有一颗宽容之心。人人都有这种博大宽容的胸怀，那我们的人际关系就要比现在纯净得多。当然，我们要"留些余地待人"，并非"老好人主义"，对那些十恶不赦、不知悔过之徒，我们还是要像鲁迅先生说的那样，"痛打落水狗"，而不是毫无原则的宽容忍让。

守口如瓶　持身若璧

一言足以招大祸，故古人守口如瓶，惟恐其覆坠也；一行足以玷终身，故古人饬躬若璧，惟恐有瑕疵也。

【译文】

一句不慎重的话语足以招来大祸，所以古人守口如瓶，害怕一不小心就像瓶子摔在地上一样倾倒坠毁；一次失当的行为足以玷污一生的名节，所以古人处事谨慎，守身如玉，害怕做错了事而玷污了自身的清白。

【评点】

"言行者，立身之基。"人之为人，其言其行不可不谨慎也。西汉文学家扬雄在《法言·修身》里说道："取四重，去四轻，则可谓之人。"四重即"重言、重行、重貌、重好"。"言重则有法，行重则有德，貌重则有威，好重则有观"，四轻即"言轻则招忧，行轻则招辜，貌轻则招辱，好轻则招淫"。可见，一言一行对一个人来说相当重要。

孔子说："言行，君子之所以动天地也。可不慎乎！"君子当慎言，我们凡夫俗子说话也应谨慎为好。中国历史上，因出言不慎而遭罢官、放逐，甚至杀头、灭族的事例屡见不鲜。像清代著名诗人沈德潜，就因在他的《咏黑牡丹诗》中有"夺朱非正色，异种也称王"一句，触犯时忌，而被乾隆剖棺锉尸。所以，古人言谈十分谨慎，不敢随便讲话，守口如瓶，以免招来杀身毁家的大祸。

当然，古人所处的专制环境和我们现在的民主社会有着本质的区别，因为出言不慎而毁身灭家，在现代社会是不会再发生的事情。但是，出言不慎也可坏大事，伤害与亲友的关系，破坏家庭的和睦，不利安定团结的大好局面，从而给自己个人或一个单位、一个团体的发展带来破坏性的影响。因此，身处言行自由时代的我们，仍然要谨言慎行。当然，如果我们对正在发生的罪恶现象，因为怕殃及自身而明哲保身，什么都不说，做一个"好好先生"，这就不是守口如瓶，而是助纣为虐了。

　　一个人的言语要谨慎，为人处事就更应谨慎。像清末学者、爱国民主人士杨度，少年时期即写下了气势磅礴的《湖南少年歌》，呼出了"若道中华国果亡，除非湖南人尽死"的时代强音。在随后的生涯中，他也为民主共和付出了毕生的精力。就是这样一个爱国爱民的人，却因力捧袁世凯登基称帝，成为"筹安会六君子"之一而为人诟病。所以，我们凡事都要"三思而后行"，"莫以恶小而为之，莫以善小而不为"，审慎处事。当然，处事要谨慎也不能凡事都"前怕狼，后怕虎"，如果太谨小慎微，墨守成规，凡事以不出错为目标，就毫无创新开拓精神，这于我们的开创事业，于我们的社会发展也是有百害而无一利的。

不较横逆　安守贫穷

颜子之不较，孟子之自反，是贤人处横逆之方；子贡之无谄，原思之坐弦，是贤人守贫穷之法。

【译文】

颜渊不屑于与他人计较，孟子时常自我反省，这就是贤人遇到别人蛮横不讲理时的自处之道；子贡长于言辞却不去阿谀奉承，原思安坐弹琴而自得其乐，这就是贤人安守贫穷的方法。

【评点】

生活中，有时遇到蛮横不讲理的人，应该怎么处理呢？不少人是愤愤不已、郁结于心，甚或拔剑而起、"以牙还牙"，你进一尺、我进一丈。结果呢？是自寻烦恼，让蛮横者更为得意。古贤又是如何面对这种"横逆"之人的呢？颜渊是不与之计较，一笑了之，而孟子则是先自我反省，审察自己是不是真的有差错。能以这种态度处之，横逆者便会自觉无趣而"熄火"。

子贡曾问孔子："有没有一个字可以作为终生奉行不渝的法则呢？"孔子说："其恕乎！己所不欲，勿施于人。"这里的恕是凡事替别人着想的意思，"恕"的核心，是以己度人、推己及人。面对横逆冒犯，颜渊不较，孟子自反，就集中体现了"恕"。对平白无故的责难和激怒不以怒制怒，对无理取闹的纠缠和怨恨不以怨克怨，对人对事不计前嫌、不报私仇，所有这些，不仅仅是息事宁人、免生祸端，更重要的是造成一种重大局、尚信义、讲和谐的生活氛围，以利于社会的进步，事业的兴旺。

《庄子》中指出："穷也乐，通也乐。"这里说的"穷"即贫困，"通"是指富裕。庄子认为，凡是顺应境遇，不去强求，才能过上自由安乐的生活。无论是穷是富、是顺是逆，都应该保持一种乐观的生活态度。特别是贫穷时能知足常乐、安贫乐道，不羡慕富豪荣华，不抱怨命运不济，保持平常心，便能真正发现平常生活的乐趣。庄子讲过一个寓言故事：古时有一位贤者叫许由，尧帝仰慕其名，想将天下让给他。许由对尧帝说："鹪鹩巢于深林，不过一枝。"说完便隐居离去了。这就是说，真正的贤人，只要有一个安身之地就行了。

贪、欲人人都会有，但贪欲一多，烦恼即增，心灵便不得宁静了。因此，贫贱时能守能乐，才是贤者的风范。当然，贫而能守，贫而能乐，并不是要人们消极地安于贫困，喜好贫困，而是要面对现实，乐观进取，用自己的诚实劳动和奋发精神创造更美好的生活。

俯仰间皆文章　游览处皆师友

观朱霞，悟其明丽；观白云，悟其卷舒；观山岳，悟其灵奇；观河海，悟其浩瀚，则俯仰间皆文章也。对绿竹，得其虚心；对黄华，得其晚节；对松柏，得其本性；对芝兰，得其幽芳，则游览处皆师友也。

【译文】

观赏灿烂的云霞，可以领悟到它的明亮艳丽；观赏飘浮的白云，可以领悟到它的舒展多姿；观赏高耸的山岳，可以领悟到它的灵秀雄奇；观赏浩荡的江河大海，可以领悟到它的博大宽广，所以，只要用心体察，俯仰之间，到处都是好景致，到处都是好文章。面对青翠的竹子，可以学习它的虚心有节；面对傲霜的秋菊，可以学习它的高风亮节；面对苍劲的松柏，可以学习它的坚忍不拔；面对芬芳的芝兰，可以学习它的幽远高洁，所以，只要善于体会，游览之处，到处可以找到良师益友。

【评点】

处处留心皆学问，良师益友在身边。人生的意义，人生的真谛，也就在于平凡的日常生活之中。生活本身就是一部博大的百科全书，只要用心体察，每个人都能从中有所收获。有一句名言说得好："人生是一本书。"愚蠢的人走马观花，聪明的人仔细读它。人生于每个人来讲只有一次，认真对待身边的生活，用心体会平凡中的真谛，才能悟出生活之本真，写出人生新篇章。

"万物静观皆自得，四时佳兴与人同。"天地万物，无不蕴含真谛妙道。古人格物而可致知，我们虽然不一定要做到这样，但只要用心体察，便可发现"好鸟枝头亦朋友，落花水面皆文章"，发现天地间无所不在的盎然生机与至理。

行善自快意　逞奸枉费心

行善济人，人遂得以安全，即在我亦为快意；逞奸谋事，事难必其稳便，可惜他徒自坏心。

【译文】

做好事帮助他人，他人因此得以平安保全，那么自己也会觉得愉快满意；耍尽手腕去图谋事成，事情却很难保证能稳当顺利，只可惜逞奸者白白坏了自己的心性。

【评点】

做好事、行善事，对于每个人来说都是很乐于接受的，每个人都能在帮助他人的同时得到自己内心的满足与快乐；而算计他人、损人利己，也会因为你的人格卑下，别人严加防范而使你的奸计难以得逞。所以说，"善事易为，恶事难成"。

美国著名心理学家马斯洛提出了需要层次论，他认为，人的需要分为五个层次，分别是生理需要、安全需要、爱的需要、受人尊重的需要和自我实现的需要。一个层次的需要满足了，人便会追求更高层次的需要。一个人在自己力所能及的范围内，看到别人有难，主动伸出援助之手，一方面，别人将因此而受益，同时，自己也能得到他人的尊重，满足受人尊重的需要。因而，从心理学的角度讲，做好事、行善事，也是有利于心理健康的，于人于己都有莫大的好处。

反之，那些为达到某种目的，不择手段、损人利己的人，不但难以如愿，有时还会搬起石头砸自己的脚。即使能够得逞一时，别人也会对你心存怨恨。到那时，真是既害了他人，又害了自己，实在是可悲可叹。

　　因此，人生在世，要多为别人做一点好事，做一点善事，做一些自己力所能及的有益的事，做"一个高尚的人，一个纯粹的人，一个有道德的人，一个脱离了低级趣味的人，一个有益于人民的人"。

吉凶可鉴　细微宜防

不镜于水，而镜于人，则吉凶可鉴也；不蹶于山，而蹶于垤，则细微宜防也。

【译文】

如果不是以水为镜，而是以人的得失为镜，观照自己，那么许多事情的吉凶福祸都可以鉴照清楚；在高山上没有摔倒，却被一个平地上的小土堆绊倒了，所以即使是最细微的地方也要小心提防。

【评点】

一代明君唐太宗，在名相魏征死后，曾叹息道："以铜为镜，可以正衣冠；以史为镜，可以知兴替；以人为镜，可以明得失。"每个人的阅历和精力都是有限的，不可能事事躬行，也不可能对每一件事皆能洞察入微，明了于心。这就在客观上要求我们要"以人为镜"，以他人的言行得失、经验教训来审视自己、衡量自己，从而审慎地选择自己的行为，在自己的人生道路上，相对准确地论断吉凶，避凶趋吉，远祸就利。从而少弯路，走正途。

人生的大方向走对了，不一定肯定能走向成功，还得用心走好人生每一步。人们往往在紧要关头小心翼翼、如履薄冰，结果反而有惊无险，平安度过；而在表面上风平浪静时，却容易麻痹大意、掉以轻心，结果在"阴沟里翻船"。古人云，"秋毫不小其小"，愈是细小的东西，愈不能掉以轻心。"千里之堤，溃于蚁穴"，星星之火可以燎原，小错可以酿成大祸。所以，"明者远见于未萌，而智者避危于未形"，居安思危，于细微处发现问题，从而真正做到"未雨绸缪"。

谨守规模无大错　但足衣食即小康

凡事谨守规模，必不大错；一生但足衣食，便称小康。

【译文】

凡事只要谨慎地遵守规则和模式运作，一定不会出现什么大的差错；一辈子只要丰衣足食，就可以称得上是小康人家。

【评点】

任何事物都有其自身特定的规则和模式，只要遵循事物内在的客观规律，就不会出什么大的差错，这是中华民族几千年沿袭下来的一种守成之道。不可否认，任何已经创立的事业，必然有其一定的模式与法则可遵循。我们应该正确地去认识这些模式和规则存在的客观必然性，从中寻求事理的内涵和意义，把握事物的本质和规律，遵循事物的模式与规则。当然，谨守规则，决不是因循守旧，不图变革创新。相反，要使原有的规模保持生命活力，就必须有循有破，在开拓创新中注入活力，升华境界。那些对原有的规则死守不渝，以不变应万变的人，只能被时代淘汰。因此，谨守规则，要弄清守成与开拓的关系，既不能因循守旧，躺在前人的成就上不思进取，也不能无视前人的思想成果和优秀传统，盲目创新，而要在继承优良传统的基础上改革创新，在改革创新中保持优良传统的活力。

人生皆有欲望，欲望不可非议。但欲望无止境，太盛则危。因此"但足衣食，便是小康"。只有在物质生活中淡然恬然，才能在精神生活上富有康乐，才能在事业上有所建树。如一味追求奢侈浮华，不满足物质的享乐，必然会陷入碌碌无为的境地。

不耐烦为人大病　学吃亏处事良方

十分不耐烦，乃为人大病；一味学吃亏，是处事良方。

【译文】

处事没有耐心，耐不得一点麻烦，这是一个人最大的缺点；对任何事都能抱着宁可吃亏的态度，这是最好的处事之道。

【评点】

人生如登山涉水，唯有遇险不畏其险，处逆境而弥坚，矢志以恒，才有可能登上风光无限的高峰，抵达"风景这边独好"的彼岸。相反，如若见难就避，遇险即弃，总想着另辟蹊径，就只能永远于山底徘徊。

古人云："有为者譬若掘井，掘井九轫而不及泉，就为弃井也。"志在获得成功者，就应该有勇往直前的耐心。经验证明，许多人本来在某一领域已提出了富有创见的想法，触摸到了真理的光环，然而却因缺乏持之以恒的耐心，最终功亏一篑，一无所获。

"天将降大任于斯人也，必先苦其心志，劳其筋骨，饿其体肤，空乏其身，行拂乱其所为，所以动心忍性，曾益其所不能。"不为苦中苦，难做人上人。不经过艰苦卓绝的锻造，不历经风霜苦雨的洗礼，梦想上天发慈悲，事事皆称心如意，是幼稚、愚蠢，是不切合实际的。"梅花香自苦寒来"，只有认准一个方向，矢志不移，吃得苦，耐得烦，"板凳能坐十年冷"，成功才会向这种人招手。

"拔一毛而利天下，不为也"，这是极端利己主义的思想，我们很多人当然不是如此。但是，临事不自觉地先考虑自己的得失，这却是不少人存在的态度。其实，这也是不健全的态度。为人处事应该从大局出发，常抱有甘于吃亏的态度，把集体、国家的利益视为高于一切的利益，自觉地摆正"大家"与"小家"的关系，"大家"能有利，个人的"小家"自然也会受益的。

读书当知乐　为善不邀名

习读书之业，便当知读书之乐；存为善之心，不必邀为善之名。

【译文】

把读书治学作为事业，便应当知道读书的乐趣；思想上有做善事的想法，就不要去求取行善的名声。

【评点】

自古以来，会读书的人，自然能从书中得到乐趣；不擅读书者，则视读书为压力，自然得不到乐趣了。

杜威说，"读书是一种探险，如探新大陆，如征新土壤"。擅读书的人，能从书中找到一种探险的快感，发现新知识、掌握新方法的过程，本身就会给读书者带来莫大的乐趣。读书要得其乐，贵在听从兴趣的指引，而不为名位、利禄所左右。这样，才能真正得到书中之乐。这样读书，才能开茅塞、除鄙见、得新知、增学问、广识见、养性灵。如只为考学位、评职称、混饭碗、升官职，抱持着这些功利目的读书，却要从书中找到乐趣，那几乎不太可能。

"人之初，性本善。"哪怕一个再坏的人，他一生中也总有存善念、行善事的时候。不过，有的人行善不为邀名，有的人做了一点好事却生怕别人不知道。如果行善是为了追求名利，那这种善行也不会长久。因为一旦达到出名的目的，其善行也就结束了。

当今社会，"为善不欲人知"者日渐增多，总有那么多的"无名氏"，在默默地奉献着他们的爱心。一张张汇款单、一件件衣物，一封封书信，使多少人得到了温暖、幸福，甚至获得了新生！那份基于同情的心思，令人感动。他们的善行，绝不是图取功名利禄，而只是把人类心中所固有的那个善念扩充为善行，使其福泽于人，助人也便成为一件乐事了。

知昨日之非　取世人之长

　　知往日所行之非，则学日进矣；见世人可取者多，则德日进矣。

【译文】

　　能够认识到自己过去所作所为的不对之处，那么学问就能每日都有所进益；能够看到世人可以学习的地方很多，那么德行就会每日都有所进益。

【评点】

　　"人非圣贤，孰能无过？"有过错并不可怕，可怕的是认识不到自己的过错，从而一错再错。人贵有自知之明，能够对自己的过错有清醒认识的人，就能够汲取教训，不会在同一个地方第二次摔倒。

　　一代文豪苏东坡少年时即聪慧过人、名满天下。他也自以为无所不知，所以自傲地手书一联："识遍天下字，读尽人间书。"但他很快意识到了自己的狂妄自大，便将对联改为："发愤识遍天下字，立志读尽人间书。"并以此自勉，从此发愤攻书，学业日进，终于成为彪炳千古的一代大学者、大文豪、大书法家。

　　认识到过去的不足，就会重新有了前进的动力，发愤学习，弥补不足，学问也正是在这种"觉今是而昨非"的心情下，更上一层楼的。

　　先哲孔子曰："见贤思齐焉，见不贤而内自省也。""三人行，必有我师焉；择其善者而从之，其不善者而改之。"取别人之长来弥补自己之不足，虚心求教于别人，对于自己的进步是很有好处的。如果经常能看到他人有可学习的地方，并且乐而习之，则自己一定能逐日提高。能从别人身上发现值得学习的优点，首先要具备谦虚的美德；其次，还要有容人的雅量，同时也要有敏锐的观察力。若无容人的雅量，看到别人的美德，嫉妒诽谤都来不及，哪里会向别人学习呢？若无敏锐的观察力，再好的行为也看不见，又如何能学习呢？说不定还会不辨好坏，把坏的也学了过来。

敬人即是敬己　求己胜于求人

敬他人，即是敬自己；靠自己，胜于靠他人。

【译文】

尊重他人，就是尊重自己；依靠自己，胜过依靠他人。

【评点】

孟子曰："仁者爱人，有礼者敬人。爱人者，人恒爱之；敬人者，人恒敬之。"中国人崇尚"礼尚往来""投桃报李"，尊重别人的人，常常会得到别人的尊重，有时会得到更多人的回报。所以说，敬他人，即是敬自己。儒家强调"敬为大"。敬，不仅要用于修身、齐家，而且要用于治国、平天下。也正因为如此，周恩来总理当年提出的和平共处五项原则：互相尊重主权和领土完整，互不侵犯，互不干涉内政，平等互利，和平共处——目前已成为国际社会处理双边乃至多边关系的最基本原则，这其中的核心思想，也就是互相尊重别国的国情。

靠他人做事，莫若靠自己。因为，依赖于别人，就要仰人鼻息。别人帮你做事，不见得完全合你的意；即使令你满意，也总觉得亏欠了人情，总有一种负疚感。靠别人，自然会给人家添麻烦，若是别人乐意，自然更好。若不乐意，难免使双方处于尴尬的境地。既伤面子，又伤感情。由此看来，自己的事情还是自己做好，一来能完全按自己的意图去办；二来能通过亲自实践，增长能力，多一份见识；三来免得亏欠人情，有愧于心。正如一句俗话所言："靠山山会倒，靠人人会跑"，在这个世上真正靠得住的还是自己。

学长者待人之道　识君子修己之功

见人善行，多方赞成；见人过举，多方提醒，此长者待人之道也。闻人誉言，加意奋勉；闻人谤语，加意警惕，此君子修己之功也。

【译文】

看到别人有好的行为，想方设法地帮助他完成；看到别人有不当的行为，便想方设法地加以提醒，这才是长者待人处世的方法。听到别人夸奖自己的言语，更加发奋振作；听到别人批评自己的言语，更加谨言慎行，这才是君子自我修养的功夫。

【评点】

为人长者，应该有足以令人景仰的风范。在看到别人有善行的时候，应该多方面去赞美他、帮助他、鼓励他；看到别人有不好的行为，则多方面地去提醒他、规劝他、诱导他。对善行的赞美、鼓励和帮助，能使他人再接再厉，更上一层楼；而对过失的提醒、规劝与诱导，可以警戒他人，苦海回头，不再重蹈覆辙。

君子听到他人称赞自己时，不但不沾沾自喜，反而要加倍奋勉。因为，听到赞美后就飘飘不知所以然，躺在成绩簿上睡大觉，不思进取，那岂不是辜负了赞美自己的人？更何况，我们所追求的是实实在在的业绩，而不是别人的赞誉，又怎么能因为一两句赞誉而止步不前呢？而听到他人批评乃至毁谤的言语，应该冷静对待。首先应反省一番，看看自己有什么地方做错了。有则改之，无则加勉，通过这种自我反省，认识自己的不足，改正自身的错误，同时一定要更加警惕，避免再次犯错。

悭吝可败家　精明能覆事

奢侈足以败家，悭吝亦足以败家。奢侈之败家，犹出常情；而悭吝之败家，必遭奇祸。庸愚足以覆事，精明亦足以覆事。庸愚之覆事，犹为小咎；而精明之覆事，必见大凶。

【译文】

奢侈浪费足以败坏家业，吝啬小气也足以败坏家业。因为奢侈浪费而败坏家业，其结果往往可以预料；而因为吝啬小气而败坏家业，一定是遭到了意外的灾祸。平庸愚笨足以使事情失败，过分精明也足以使事情失败。因为平庸愚笨而使事情失败，还只会导致一些小的过失；因为过分精明而使事情失败，那就一定会出现大的祸患。

【评点】

奢侈足以败家，这是非常明显的道理。"侈则多欲。君子多欲，则贪慕富贵，枉道速祸；小人多欲，则多求妄用，丧身败家。是以居官必贿，居乡必盗。故曰：侈，恶之大也。"然而，吝啬也会败家，就可能有人想不明白了。其实大家想想，悭吝之人，必视自己之物为至贵，过于看重，一分一毫都不肯予人。"吝者，穷急不恤之谓也。"在别人需要帮助时，视而不见，那自己需要帮助时，又怎么能渴望得到别人的帮助呢？这种人在遇到困难时，就肯定是"失道寡助"，想不"遭奇祸"都很难了。并且，吝啬之人往往贪图小利，心胸狭窄，不思进取。他们不懂家业不是守出来的，而是创造出来的这个道理，又怎么能长保家业昌盛？尤其是那些为富不仁者，必然失心于人，更容易遭人暗算。中国古代江湖侠士"杀富济贫"，他们杀的

"富"，也就是这种"穷急不恤"的吝者。

　　愚蠢、平庸之人，因其才疏学浅，能力有限，一般办不成什么
事情。如果托事于他，必定误事、坏事。因此，善用人者一般不会托
要事于庸愚之人，当然，这种人倒也坏不了什么大事。而精明之人可
就不同了，由于他平素精明干练，人人都肯托付重责。若是他一时失
察，所坏的事必是大事。譬如一个士兵，负的责任少，即使坏事，影
响的层面也很小；而大将统领三军，一念之差，就可能导致全军覆
没，这岂不是"大凶"？比如诸葛亮，精明一世，糊涂一时，误用刚
愎自用的马谡，就导致街亭失守，留下了千古遗憾。

安分不走败路　守身不入下流

种田人，改习尘市生涯，定为败路；读书人，干与衙门词讼，便入下流。

【译文】

种田人，突然改行经商，必定会走上失败之路；读书人，如果专门参与衙门打官司之事，巧言善辩，强词夺理，那就会沦入下流。

【评点】

中华民族古有安分守己的训言，今有恪尽职守的教诲，均以干一行、爱一行、钻一行而著称。否则，这山望着那山高，终将前功尽弃，难成大事业。可见，干任何事情，都要从实际出发，量力而行，不能好高骛远、想入非非。

在古人看来，农为五业之首，而商是五业之末，舍本逐末，为人所不齿。读书人讲究"明是非""辨义理"，而衙门争讼是以巧辩的口舌，为人争取胜诉，所以读书人参与衙门词讼在古人看来有违圣贤之教，与忠厚读书人的本性格格不入。

然而，随着时代的发展和社会的变迁，我们看待事物的观念也需要随之更新。面对当前激烈的社会竞争和汹涌的商业大潮，社会呼唤复合型的人才。没有时代的紧迫感，墨守成规，安于现状，其结果必定被社会所淘汰，成为时代的落伍者。当今社会，农民进城经商，事业有成者比比皆是，这也正是我国市场经济发展过程中城乡交融的必然结果。而读书人掌握了法律知识，用诉讼的方式伸张正义，为百姓排忧解难，争取法律赋予的权利，更是应该值得褒扬的正义之举。

遭际命运须知足　德业学问无尽头

常思某人境界不及我，某人命运不及我，则可以自足矣；常思某人德业胜于我，某人学问胜于我，则可以自惭矣。

【译文】

经常想到某些人的境况还不如我，某些人的命运还不如我，那么就可以知足常乐了；经常想到某些人的德行事业超过了我，某些人的学问胜过了我，那我们就要自我惭愧而更加发奋努力了。

【评点】

人生有许多事情应当知足，又有许多事情不该知足。对物质生活的追求，我们应该知足常乐，而对德行学问的追求，应是永无止境。

古人云："君子谋道，小人谋食。"对于物质的享受，圣贤君子都看得很淡。因为他们深知肉体的享受是暂时的，而且欲壑永无填满之时。如果一定要满足欲望才感到快乐和幸福，那可能要劳苦一生了。对于物质的享受，应当"知足"。想到"比上不足，比下有余"，就能对物质生活的追求看得淡多了。"苦不苦，想想红军二万五；累不累，想想革命老前辈。"想到我们今天的幸福生活来之不易，我们就更应该珍惜这份幸福。

对物质生活的追求要知足常乐，对学问、德行等精神层面的追求却要永不知足。对于精神生活的追求，能够提升我们的境界，升华我们的人格，丰富我们的生命。我们应每天鞭策自己追求更高的境界，只有这样，我们的生活才会更加丰富、更有意义。

义士不惜钱　忠臣不惜命

读《论语》公子荆一章，富者可以为法；读《论语》齐景公一章，贫者可以自兴。舍不得钱，不能为义士；舍不得命，不能为忠臣。

【译文】

读《论语·子路》篇中有关公子荆那一章，富有的人可以效法公子荆对待财富的态度；读《论语·季氏》篇中有关齐景公那一章，贫穷的人可以学习齐景公贫弱时奋发进取的精神。舍不得金钱的人，不可能成为义士；舍不得性命的人，不可能成为忠臣。

【评点】

公子荆虽然善于治理家业，但在他没有财富的时候，却自足于"尚可够用"！有财富的时候，却又说"可称完备"！到了富足之时，自觉"完美无缺"了。可见，公子荆贫能安贫，富能安富，无论贫富，他都能保持心境上的恬然和平衡。既善于理财，又知足常乐。齐景公养马千匹，谢世之后并没有为人称道的美德。但齐景公在贫弱时奋发进取的精神，却不能不被世人称道。所以，我们对待财富应该有一颗平常心，"苟非吾之所有，虽一毫也弗取"，要依靠诚信与辛勤来换取财富。对待贫穷，我们不能坐以待毙，无所作为，而应奋发图强，努力进取，那么贫穷的境地总有一天会改变。

义士贵在取舍有度，如果舍不得钱财，视钱为通灵宝玉，恃财自傲，便不能称之为义士；忠臣贵在舍生取义，如果舍不得性命，贪生怕死，就不可能称之为忠臣。因此，古时的义士忠臣，"富贵不能淫，贫贱不能移，威武不能屈"。在我们当代社会，当然不能以这种道德标准来要求每个人，但是，我们至少要学习古代忠臣义士对待自身和外物的关系，将集体、国家的利益放在首位，将个人的利益放在其次。

义士不惜钱　忠臣不惜命

忠厚谦恭无大患　切俭简省可久延

　　富贵易生祸端，必忠厚谦恭，才无大患；衣禄原有定数，必节俭简省，乃可久延。

【译文】

　　富贵容易产生祸患，一定要忠实厚道、谦逊恭敬，这样才不会发生大的灾祸；衣食福禄原本都有一定的限度，一定要简朴节约，才能保持福禄长久延续。

【评点】

　　富贵并不必然会招来祸害，把富贵与祸害绑在一起，谁还敢去追求富贵呢？说富贵生祸，根源在一个"生"字。富贵生祸的根，在于"为富不仁"，恃贵作威。得富贵而不仁不义，必然会祸害加身。其实，"不取于人谓之富，不屈于人谓之贵"，只有这种自尊、自立、自强并且不欺凌他人的富贵，才算是真正的富贵。而那些"戚戚于贫贱，汲汲于富贵"者，贫穷也好，富贵也罢，终究是悲怆一生。

　　欲求富贵，先行勤俭。勤是摇钱树，俭是聚宝盆。一个人一生，当节俭简省，戒奢华浪费。同时，常怀悯人之心，解人之忧，济人之难，才不失为君子之风范。

　　宋代名相寇准，自幼丧父。寇母常于深夜一边纺纱，一边教寇准读书，以督其成才。后寇准考中了进士，喜讯传至家中，寇母已身患重病。临终前，她将亲手画好的一幅画交给老仆，并嘱咐道："日后寇准为官，如有错处，可将此画给他观看。"后来寇准身居相位，一次为庆贺生日，他大摆筵席，宴请百官，奢靡浪费。老仆悄悄将画卷交于寇准。寇准展开，见是一幅寒窗课子图，并题诗云："孤灯课读苦含辛，望你修身济万民。勤俭家风慈母训，他年富贵莫忘贫。"寇准反复吟诵，不禁泪如泉涌，当即下令撤去寿筵，辞退所有寿礼。自此以后，潜心政事，廉洁奉公，成为一代贤相。然而寇准的后代还是忘记了家训、家风，奢侈浪费，挥霍无度，最终家境败落，一贫如洗。"由俭入奢易，由奢入俭难"，一代贤相的家族兴衰历程，我们当以此为镜鉴。

尘世已分天地界　庸愚不隔圣贤关

做善降祥，不善降殃，可见尘世之间，已分天堂地狱；人同此心，心同此理，可知庸愚之辈，不隔圣域贤关。

【译文】

多做善事祥福自然会降临，多行不义自然会招来祸殃，由此可见，一个人升入天堂还是堕入地狱，在于他人世间的所作所为；人的心是相同的，心中的理性也是相通的，由此可见，平庸愚笨的人，并不会被隔绝在圣贤的境界之外。

【评点】

"善有善报，恶有恶报。"中国古时信奉因果报应论，也在一定程度上引导了古人走上行善之路。我们现代人行善当然不是为了善报。但当你做了善事之后，自然会心旷神怡，心安理得，自然会得到他人的尊重，与他人建立融洽的关系；而做了恶事，精神上自然会受到压抑，心理恐惧、忐忑不安、心神不定，甚至受到法律的制裁。正如俗语所云："平生不做亏心事，半夜不怕鬼敲门。"这也是"善有善报，恶有恶报"的一种现实变形吧。

和平处事　正直居心

和平处事，勿矫俗以为高；正直居心，勿设机以为智。

【译文】

以和气平易的心态为人处世，不要故作姿态、违背习俗而自以为清高；内心要公正刚直，不要设置机关、玩弄手段而自以为聪明。

【评点】

《礼论·曲礼上》中有这么一句话："入乡随俗。"一个人无论做任何事情，都要合乎常理，要尊重人们的风俗习惯、民族传统、礼仪制度和行为方式，并据此来调整自己的行为，为当地人所认可。"随俗"并不是陷入世俗，而是要顺从民心，从实而为。为人处世既要心平气和，平易近人，又要公正刚直，豁达磊落，切勿投机取巧，虚伪狡诈，以好施心机为智。"天地有公心，日月无私照。"公道正派，刚直不阿，才是君子为人的天然本性。那些为求一团和气，丧失原则，不辨是非善恶的人，表面上是"老好人"，实质是背弃正义的伪善人；那些委于权势、屈从横逆的人，表面上自己不干坏事、不作恶，实质上却是作恶之徒的契约伙伴。

君子以名教为乐　圣人以悲悯为心

君子以名教为乐，岂如嵇阮之逾闲；圣人以悲悯为心，不取
沮溺之忘世。

【译文】

君子以谨守名教为乐事，怎么能够像嵇康、阮籍那样逾越礼教、
崇尚闲适？圣人怀抱悲天悯人的胸怀，不能效仿长沮、桀溺避世隐
居、不问世事。

【评点】

古人讲求名教，到了末期不免流于形式主义，成为"腐儒"，反
而不如嵇康、阮籍之流放任自心，自在安乐。我们现代人当然不要一
味效仿这种沽名钓誉的形式主义。不过，作为读书人，我们仍然要遵
守当今社会的道德规范和法律法规，要做一个遵纪守法的公民。

古人身处封建高压政策之下，避世隐居实在是一种无奈的选择。
但古人有言："居庙堂之高则忧其民，处江湖之远则忧其君。""家
事国事天下事，事事关心。"我们现在身处自由、开放的新社会，就
更应该时刻将集体、国家的利益放在心头，为国家的繁荣昌盛、兴旺
发达做出自己应有的贡献。

偷安败门庭　谋利伤骨肉

纵容子孙偷安，其后必至耽酒色而败门庭；专教子孙谋利，其后必至争赀财而伤骨肉。

【译文】

放纵容忍子孙只顾眼前安逸，子孙以后必然会纵情酒色而败坏门庭；一心只教子孙去谋取财利，子孙以后必定会因争夺财产而伤害骨肉亲情。

【评点】

望子孙成龙成凤，求后代荣宗耀祖，应该是达官显贵和黎民百姓所共有的心愿。为何还有不肖子孙耽于酒色而败辱门庭呢？《增广贤文》中云"兄弟和而家不分"，但为何还有手足争财夺利而相伤呢？盖因"纵容子孙偷安""专教子孙谋利"所至。单从结果看，没有人愿意自己的子孙后代败坏门风、兄弟阋墙的。但有悖理义的教育方式，却必然会酿成如此苦果。孔子曰："君子爱财，取之有道。"此道，一是谋利之方法，二是指谋利合乎道德规范。若能教子孙孝悌之道、忠信之心，则家中必是充满父慈子孝、兄友弟恭的和谐氛围，兄弟间更能相互合作、拓展家业，于己、于家、于人、于社会都大有益处。

沉实谦恭好子弟　忠厚勤俭传家长

谨守父兄教诲，沉实谦恭，便是醇潜子弟；不改祖宗成法，忠厚勤俭，定为悠久人家。

【译文】

严谨遵守父兄长辈的教诲，诚实、谦逊，就是敦厚沉稳的好子弟；不改变祖宗先辈留传下来的治家之道，忠实厚道、勤恳俭朴，就一定会成为家道历久不衰的人家。

【评点】

世间虽无"恒久之至道，不刊之鸿教"，但是，先辈在长期生活实践中总结出来的为人处世的经验，仍不失为导引子弟的要言妙道。诚实稳重、待人谦恭、谨慎守成、忠厚勤俭，是中华民族的传统美德，也是富有卓见的先辈教导子弟处世、立身、持家的千金妙方。"诚以守信，谦以待人"，既是不可或缺的做人之美德，也是一个人走向成功的必要条件。欲成大事、欲有大作为者，须时刻谨记"诚"字当头、"谦"字入心。现在，我们呼吁建立诚信社会，也正是对这一传统美德的呼唤与追求。

富贵应有收敛意　困穷应有振兴志

　　莲朝开而暮合，至不能合，则将落矣，富贵而无收敛意者，尚其鉴之；草春荣而冬枯，至于极枯，则又生矣，困穷而有振兴志者，亦如是也。

【译文】

　　莲花早上开放，晚上合拢，到了不能合拢的时候，也就是要凋落的时候了，富贵而不知收敛的人，最好能以此为鉴；野草春天繁茂而冬天枯萎，到了枯尽了的时候，它却又发芽生长了，贫困窘迫而又有振兴志向的人，也要以此为借鉴而自我激励。

【评点】

　　"人无千日好，花无百日红"。历史的长河中，"一人、一家、一团体、一地方，乃至一国，大凡初时聚精会神，没有一事不用心"，"既而环境渐渐好转了，精神也就渐渐放下了……自然的惰性发作"，最终人亡政息，真可谓"其兴也勃焉，其亡也忽焉"。这就是黄炎培先生在与毛泽东谈话中所讲的历史"周期率"，这与莲花"朝开暮合"的道理是相似的。要跳出这个"朝开暮合"的"周期率"，我们就要懂得收合有道，要克服放纵懒惰的心理，始终保持旺盛的创业热情，坚持艰苦朴素的生活作风。

　　"离离原上草，一岁一枯荣，野火烧不尽，春风吹又生。"只要保持振兴之志，只要为了成功能"吃得苦中苦"，不懈地努力，那么，就总有雄图大展、东山再起的一天。正如雪莱的诗句所言："冬天来了，春天还会远吗？"是啊，只要我们奋发进取，"不坠青云之志"，等待我们的，就是明媚的春光。

自伐自矜必自伤　讲仁讲义先求己

"伐"字从戈，"矜"字从矛，自伐自矜者，可为大戒；"仁"字从人，"义"字从我，讲仁讲义者，不必远求。

【译文】

"伐"字的右边是"戈"，"矜"字的左边是"矛"，而"戈"和"矛"都是杀伐之器，所以自夸自大的人，当以此为大戒，以免自伐自戮；"仁"字的左边是"人"，"义"（義）字的下边是"我"，所以讲求仁义的人，不必舍近求远，而要从我做起。

【评点】

骄纵自恃者，是把胸膛高高地挺起，让人深深地扎进来，缘何不戕？夸耀自炫者，是把头高高地提起来，又重重地摔下去，缘何不自残？古今中外，概莫能外。自夸自大的人，往往只能看到自己的长处，却看不到自己的短处，固执己见，刚愎自用，其结果小则害己害人，大则危邦误国。战国时期"纸上谈兵"的赵括，便是明鉴。

讲求仁义不在远方，就在眼前。不是先要求他人，而是要从我做起。其身不仁，何以仁人？其身不义，何以行义？其身不正，何以正人？因此要做到至仁至义，必须从自身做起。要常内省、自悟，主动地观照自我、充实自我、改造自我。

贫寒须留读书种　富贵莫忘稼穑苦

　　家纵贫寒，也须留读书种子；人虽富贵，不可忘稼穑艰辛。

【译文】

　　家境纵然贫寒，也要让子孙读书求学；人生虽然已经到了大富大贵的境地，也不要忘记春种秋收的艰辛。

【评点】

　　"人非生而知之者"，一个人的学问，除了从生活与社会的实践中直接获得外，更重要的还是从书本中间接汲取的。因此，读书也就成为人们获取学问的主要途径。一个人的学习，不会因为家道殷实而辍学，也不能因家境贫寒而废学。"知识改变命运"，希望工程的这句宣传口号，生动地说明了知识的重要性。希望工程资助了很多贫困的孩子，使他们重新走进课堂，从而改变了他们的命运。

　　创业艰辛，守成更难。想要永葆富贵，就要"一粥一饭，当思来之不易；半丝半缕，恒念物力维艰"。不但要追本溯源，牢记"梅花香自苦寒来"的道理，而且要珍惜现在，加倍努力，不断为国为家创造更丰裕的财富。

俭可养廉　静能生悟

俭可养廉，觉茅舍竹篱，自饶清趣；静能生悟，即鸟啼花落，都是化机。一生快活皆庸福，万种艰辛出伟人。

【译文】

勤俭可以培养一个人廉洁的品性，即使住在竹篱围绕的茅舍之中，也自然会觉得富有情趣；心灵澄静能使人悟出许多道理，即使从鸟的啼鸣、花开花落中，也能悟出大自然造化的生机。一生快快乐乐只是平凡的福分，历尽万般艰辛，才能锤炼出伟人。

【评点】

《菜根谭》中说："人生减省一分，便超脱一分。"在人生的旅程中，如果能够在物欲上少一些追求，便能够在精神上多一分超脱。勤劳节俭的生活使人不易为贪欲所困扰，也不会因物欲浮华而改变自己的心志。这就是"俭可养廉""茅舍竹篱，自饶清趣"的道理。

"淡泊以明志，宁静以致远。"吕新吾以"沉静是美质"来描绘他心中的理想人格，他说：沉静的人，"他的内心是很沉稳的"；而不沉静的人，"当自己无聊寂寞的时候，或是遭遇到什么难题，便无法克制地喋喋不休，大发谬论。这种人，即使本身非常孤傲，也不能称得上是一个有德行的人"。

存心方便即长者　虑事精详是能人

济世虽乏赀财，而存心方便，即称长者；生资虽少智慧，而虑事精详，即是能人。

【译文】

帮助别人虽然缺乏钱财，但只要心存"处处与人方便"的念头，便可称得上受人尊重的长者；天生的资质虽然不是特别聪明，但只要考虑事情精细周详，也就是一个能干的人。

【评点】

能仗义疏财、扶危救困，固然值得称道。但是，有许多事情，不是单靠资财就可以解决的。对于有些事、有些人，需要的更多是精神方面的救助。以钱财济世助人只是一时之功，而救治人的精神，使其自立自励，则功效更长远、更有益。如果对生活上暂时有困难的人只在钱财上予以救济，而不鼓励其奋发自强，指引其走上致富之路，那就只能养出一批电影《芙蓉镇》中的王秋赦那样的懒汉。古人云："与人一食，不如与其一路。"如果在帮助别人的同时，引导其自食其力，使他获得自己真实的天地，岂不美哉！

智与愚是相对而言的，天资聪颖的人，不学也会无术，四体不勤则照样五谷不分。而天资稍差的人，只要勤学好问，谦虚谨慎，不懂就问，不会便学，一样可以获得学业和事业的成功。所谓"智者之所短，不如愚者之所长"，说的即是此理。

闲居常怀振卓心　交友多说切直话

一室闲居，必常怀振卓心，才有生气；同人聚处，须多说切直话，方见古风。

【译文】

即使一个人清闲自在地独处时，也要常常怀有振作奋发之志，这样才会有蓬勃向上的生机；与人相处，一定要多说恳切正直的话，这才能体现古代贤人朴实忠厚的风范。

【评点】

人在闲散居处时，最容易流于懒散而不知节制，消极无为而虚度时光。因此，身处闲散，心要向上；时逢安逸，志要远大。事实上，人在忙碌之时，往往为身边的琐事、急事所扰而不抬头看路；只有在清闲时，才能静思、反省，使思想升华到一个新的境界，为创造新的业绩开辟新的通道。这样看来，"一室闲居，必常怀振卓心"是振作奋进的前奏，是更有作为的桥梁。

语言是一门艺术，说话有文野之分。但语言艺术的根，表达的质，皆在于实在、正直之中。"不实之言是谎言"，任其如何天花乱坠都是骗；"不正之言是谗言"，任其如何矫饰委婉都是奸。说老实话，做老实人，做正直人，说正直话，才是人间正道，为人之本。

有才何可自矜　为学岂容自足

观周公之不骄不吝，有才何可自矜；观颜子之若无若虚，为学岂容自足。门户之衰，总由于子孙之骄惰；风俗之坏，多起于富贵之奢淫。

【译文】

看到周公才德过人却毫无骄傲鄙吝之心，自觉有才的人又怎么可以自以为了不起呢；看到颜渊有才若无、有德若虚，虚心学习，做学问又怎么能够自我满足呢。门庭衰落，总是由于子孙的骄傲懒惰；风俗败坏，多是因为富贵之人骄奢淫逸造成的。

【评点】

颜渊是孔子的得意门生，可他并没有因为孔子经常称赞他就"恃才德而凌人"，而是"有才若无，有德若虚"，不断虚心学习，取人之长，补己之短。两千多年前的古人尚能如此，今人就更应虚怀若谷，求学上进。哲学家培根曾说："读史使人明智，读诗使人灵秀，数学使人周密，物理学使人深刻，伦理学使人庄重，逻辑与修辞使人善辩。"每门学问对人都是一种进益，只有不断虚心学习，才能真正算得上是有德才之人。"天下事以难而废者十之一，以惰而废者十之九。"自以为了不起，自矜自傲，学习半途而废，即使真是个天才，也不过是曾经戴了个漂亮的光环，终将一事无成。

一个家族的衰败，是由于子孙的骄横懒惰；社会风俗的败坏，多由于富贵者尤其是当政者过度的奢侈浮华。常抓不懈的廉政建设，也正是力戒骄奢淫逸之风，建立和谐社会的发展氛围，促进社会主义建设事业不断前进。

凝浩然正气　学古今贤人

孝子忠臣，是天地正气所钟，鬼神亦为之呵护；圣经贤传，乃古今命脉所系，人物悉赖以裁成。

【译文】

孝子忠臣，都是天地浩然之气养育而成，所以连鬼神都会对他们加以呵护；圣贤的经传，是古往今来维系社会秩序的命脉所在，杰出人物都是靠着它们的指引逐步培养造就出来的。

【评点】

孝与忠，是社会稳定、进步不可或缺的内在条件，古人常把无孝无忠，与"礼崩乐坏"联系在一起。即使是在当今社会，这种忠孝之心亦不可或缺。尽孝之心在一个"敬"字，尽忠之心在一个"正"字。能够敬重父兄长辈，具有浩然正气，那自然会连鬼神都加以呵护了。

古代圣贤的经书典籍，是中华五千年文化的结晶，其中包含了圣贤的经世济民之道、人伦五常之理，这都是古代圣贤智慧的凝聚。今人习之，必当得其精髓，继其精粹，以古为鉴，明兴衰之理。当然，我们也断不可泥古守旧、墨守成规，而必须把握好继承与发展的关系，有发展地继承，在继承中发展，真正将中华传统文化的精粹发扬光大，而对其中的糟粕予以摒弃。

饱暖气昏志惰　饥寒神紧骨坚

　　饱暖人所共羡，然使享一生饱暖，而气昏志惰，岂足有为？饥寒人所不甘，然必带几分饥寒，则神紧骨坚，乃能任事。

【译文】

　　吃得饱、穿得暖，是人人都羡慕的，但一生都生活在温饱之中的人，却容易意气昏庸，志气怠惰，又怎么能够指望有什么作为？饥饿和寒冷是人人都不想过的生活，但只有感受到几分寒冷和饥饿的滋味，才会精神抖擞、骨气坚强，这样才能承担重任。

【评点】

　　人人都羡慕吃得饱、穿得暖的生活。中国人古有"千里做官，为了吃穿"的谬语。直至现在，彼此见面时，"吃了没有？"仍然是用得最多的招呼语。"民以食为天"，追求锦衣玉食，这不足为怪。但一个人如果长久地生活在饱暖的环境里，不愿吃苦，骄奢淫逸，就会变成真正的酒囊饭袋而不知其可为了。"卧薪尝胆"的故事妇孺皆知，"梅花香自苦寒来"的人生格言也是无人不晓。能吃苦耐劳，才能真正承担重任，才能真正有大的作为。正如孟子所言："天将降大任于斯人也，必先苦其心志，劳其筋骨，饿其体肤，空乏其身，行拂乱其所为，所以动心忍性，曾益其所不能。"

愁烦中具潇洒襟怀　暗昧处见光明世界

愁烦中具潇洒襟怀，满抱皆春风和气；暗昧处见光明世界，此心即白日青天。

【译文】

在忧愁烦恼的境遇中，能够具备豁朗洒脱的胸怀气度，那么心中自然会充满春风和畅之感，驱散愁云；在昏暗不明的局势下，能够看到世界的光明前景，那么心境就会如同青天白日一样宽广明亮。

【评点】

"人生不如意事十之八九。"一个人活在世上，就总会有这样那样的烦扰，这是不以个人意志为转移的。马克思主义矛盾论告诉我们，世界充满矛盾，人生也是如此，总是处于与社会的矛盾、与他人的矛盾、与自身的矛盾、工作与生活的矛盾，以及家庭内部的矛盾、爱情与事业的矛盾……之中。矛盾无时无处不在，处理妥当了，则会相对如意些，否则便会招引不快；同时，从一烦扰中摆脱出来了，彼一愁烦又可能接踵而至，正所谓"才下眉头，又上心头"。因此，与其作茧自缚，陷入愁烦中而不能自拔，还不如豁朗洒脱地应对这一切，心情愉快地度过。

要拥有豁达洒脱的胸怀，首先必须学会自我解脱。要有豁达洒脱的胸怀，还必须学会以宽厚来待人待物，要学会宽容，退一步海阔天空，有容乃大。与人相处，处事接物，始终抱有一种宽容的态度，自然会水波不兴，风浪不起。这样，人生才能够如沐春风。

于暗昧中保持内心坦荡，发现光明的前景，是一种至关重要的品质。"志行万里者，不中道辍足。"人生道路上，不应因环境的恶化、处境的困顿而丧失前进的勇气。相反，应"穷且益坚"，以乐观的心态对待眼前的挫折。唯其如此，才能看到光明，走向成功的彼岸。

势利人百般皆假　虚浮人一事无成

势利人装腔作调，都只在体面上铺张，可知其百为皆假；虚浮人指东画西，全不向身心内打算，定卜其一事无成。

【译文】

势利的人喜欢装腔作势，只知道做表面上的铺张工夫，由此可知这种人的所作所为全是虚假的；虚浮的人不切实际，东拉西扯，心中没有一点既定的目标，可以预计这种人肯定是一事无成。

【评点】

社会上总有一些势利之徒，他们只知道"在体面上铺张"，更可笑的是，有些人没有铺张的资本，还硬要打肿脸充胖子，否则，就会觉得脸上无光。其实，一个徒具外表的人，其内心是无法充实的。他们的衣袋里也许装满了钞票，但头脑里却是空空如也。离开吃喝玩乐，花天酒地，他们便觉得百无聊赖，无法活下去。这种人，同百货公司里穿着锦衣华服的塑料模特儿又有什么两样呢？

而那些不切实际的人，整天喋喋不休，说天道地，却没有一件事是他们做得来的。这种人不知道凡事须从实际做来，躬行而为。如果只有唱功，没有做功，即使天资再好，终将一事无成。只有咬定目标，不断进取，滴自己的血，流自己的汗，一步一步踏踏实实向前走的人，才能实现人生的价值，才能对社会有所贡献，也才能赢得人们的尊重和社会的认可。

不忮不求光明境　勿忘勿助涵养功

不忮不求，可想见光明境界；勿忘勿助，是形容涵养功夫。

【译文】

一个人既不嫉恨陷害他人，也不因索取而对他人求全责备，则由此可以想见他内心光明博大的境界；涵养正气，既不要忘记逐渐聚集道义的力量以端正社会风气，也不要因为一时正气不足而急于求成、拔苗助长，这才是涵养浩然正气的真功夫。

【评点】

"不忮不求"，语出《诗经·邶风·雄雉》："不忮不求，何用不臧？"其意思是一个人心胸坦荡，不嫉恨他人、不陷害他人，也不争名夺利、希求非分之财，不求全责备于他人，这种人又怎么会做出不好的事情来呢？不忮不求，是对一个人的内心境界的要求。人不可争名利，为名利而苟活；不能唯利是图，唯名是夺。只有不怀嫉妒心，不为名利累，才可以见其光明境界。

"勿忘勿助"，语出《孟子·公孙丑》："必有事焉而勿正，心勿忘，勿助长也。"意为涵养浩然正气，必定要注重聚集道义的力量，但不要预期速见成效，只要一心一意努力去做，不要急于求成而拔苗助长。我们现在的社会主义改革与建设事业，更要牢记"勿忘勿助"的至理名言，不要急于求成、贸然推进，而要发动广大群众求实奋进。

求理数难违　守常能御变

数虽有定，而君子但求其理，理既得，数亦难违；变固宜防，而君子但守其常，常无失，变亦能御。

【译文】

运数虽然有一定的限度，但君子只求所做之事合乎道理，遵循了合乎自然规律的道理，那么运数也难以违背理数；对于事物的变化固然要有防范的对策，但君子只求遵循事物的常道，只要常道不失，再多的变化也能防御。

【评点】

《三国演义》中曾说："谋事在人，成事在天。"人为何可以谋事呢？因为天下的事情，虽然纷繁复杂，但一切都是依理而行。事中之理，虽然有时显而易见，有时隐晦不明，但总是可察、可循的。内在的理数和理的可知性，便是人之所以可以谋事的根本所在。谋事也就是以理立事、循理行事。至于能否成事，还要看"天之定数"，因为客观事物的发展往往是不以人的主观意志为转移的。很多事情也不是心想事成的，因此说"成事在天"。谋事与成事，也正好反映了人的主观能动性与事物的客观规律的关系。事情成败的关键，在于能否遵循事物内在的客观规律，并通过自己的主观能动性，顺应规律，扎扎实实地努力，从而通过自己的谋事达到成事。

和为祥气，骄为衰气
善是吉星，恶是凶星

　　和为祥气，骄为衰气，相人者不难以一望而知；善是吉星，恶是凶星，推命者岂必因五行而定。

【译文】

　　平和是祥和的气象，骄傲是衰败的气象，看相的人不难一眼就看出来；善是吉星，恶是凶星，算命的人哪里一定要根据五行才能推断出吉凶呢？

【评点】

　　祥气、衰气，吉星、凶星，是古代根据望气和星相推断吉凶的说法，当然带有封建迷信的色彩，是我们现在应该摒弃的。但此处"和为祥气，骄为衰气"和"善是吉星，恶是凶星"的说法，却避开传统命理学根据望气和五行星相而定吉凶的观点，而以和、骄、善、恶定祥、衰、吉、凶，在劝人行善方面具有积极作用。

　　我们常说："和气致祥"，可知一个"和"字，能化解多少干戈。生意人常把"和气生财"挂在嘴边，可知一个"和"字，也能带给人们多少益处。一个人能常保中和之气，既不会遇刚而折，也不会太柔而屈；既不会遇骄而覆，也不会太虚而穷。能够常保这种"和气"，生命便如源源活水，这当然是一种吉祥之气了。而骄傲的人即使处在富贵也不长久，因为他盛气凌人，必定导致衰败，所以说"骄为衰气"。善于看相的人，一望可知，自然能推断一个人的祸福了。

　　要论断一个人的吉凶，不必从五行去推断，只要看他行善或是为恶就知道了。从"水流湿，火就燥"的道理来看，行善的人必能得到拥戴，为恶的人必定遭人唾弃。因此，行善的人是吉星，为恶的人便是凶星，想推定吉凶，这就是一个很好的依据。

崇文国学普及文库

人生不可安闲　日用必须简省

人生不可安闲，有恒业，才足收放心；日用必须简省，杜奢端，即以昭俭德。

【译文】

人生在世，不可闲逸度日，只有倾心执着于事业，才能将放荡的心性收回；日常花费，必须简省节约，杜绝奢侈的习性，才可以显扬节俭的美德。

【评点】

人的一生，从农、从工、从军、经商，或从事其他行业，总有自己的社会角色。要扮演好自己的社会角色，则需要有毅力、有恒心。毅力和恒心是实现人生目标的内力所在，是去除安闲心的内功所在。可见，人生安闲不可，盲目度日亦不可。只有矢志不渝地沿着既定的目标拼搏，才有希望实现人生的理想。

人生一世，不可安闲，但求勤俭。"勤俭持家"、"勤俭致富"、"勤俭传家人"，是我们中华民族的传统美德。在物质财富日益丰富的今天，我们仍然要弘扬勤俭节约的美德，"勤俭办一切事业"，这样，才会有更加光辉灿烂的明天。

赤心斗胆成大功　铁面铜头真气节

成大事功，全仗着赤心斗胆；有真气节，才算得铁面铜头。

【译文】

能够成大事、建大功的人，完全是依靠着坚定的心志和宏大的胆识；真正具有高尚的志气节操的人，才能称得上是铁面无私、不畏权势。

【评点】

古人说："人无志，非人也。"又说："人无奋志，治功不兴。"一个人要行有所成、功有所得，就必须为自己确立一个明确的目标。目标明确，行动才有方向，才能专心致志。而欲成大事、建大功者，应志存高远，奋发图强，苦心励志，前行不辍。有志固然可嘉，成大事还必须有胆量。有胆量，才敢于面对艰难困窘，敢于乘风破浪，敢于破除陈规陋习，蔑视偏见，做人所欲为而不敢为之事，走前人未曾走过的路，创造出新的业绩。

"人不可有傲气，但不可无骨气。"无骨气，则于人前垂首低眉，佝偻爬行；于人后张罗结网，鸡鸣狗盗。有骨气，即气节凛然，则"上交不谄，下交不渎"，临变不惊，处泰不骄，不衿而庄，不厉而威。即使一介书生，一名弱女，却也可称之为"铁面铜头"之志士。

责人且先责己　信己还须信人

但责己，不责人，此远怨之道也；但信己，不信人，此取败之由也。

【译文】

只严格要求自己，不求全责备他人，这是远离怨恨的处事方法；只相信自己，不相信他人，这是导致失败的主要原因。

【评点】

有的人如手电筒，只照别人，不照自身。视他人的短处、偏失如洪水猛兽，摇唇鼓舌，大加渲染；而对自己的瑕疵、垢污，则文过饰非，顾左右而言他。这些人，只能在危险的道路上愈走愈远，招致怨愤，乃至毁害自身。真正严于律己者，则是重于责己而宽以待人。正因为他们敢于严厉解剖自己，勇于承担责任，不饰非，不诿过，才使得人们不但不会怨恨，相反还会更加钦佩与景仰。

自信，是人取得进步、走向成功的重要因素。一个连自己也不相信的人，自然不会成为有益于他人、有益于国家的人。但是，过犹不及。只相信自己，不相信他人，一意孤行，刚愎自用，即使可能有一时的辉煌，最终也会一败涂地的。楚汉相争时垓下自刎的西楚霸王项羽、三国鏖战时败走麦城的武圣关羽，都曾经是叱咤风云、雄霸一方的英雄，但都最终因为只信己、不信人，而付出了惨重代价，落得个兵败身死的下场。

通达者无执滞心　本色人无做作气

无执滞心，才是通方士；有做作气，便非本色人。

【译文】

没有偏执停滞的思想，才是通达事理的方正人士；有矫揉造作的习气，便不是本色之人。

【评点】

一个固执己见、死搬教条的人，是不可能通达事理的。做人、做事矫揉造作，则是一种自欺欺人的行为。

执滞心，就是以自己的一孔之见，片面取舍而僵死守道。这种不通达事理的人，是难以成就大事的。凡事不能过分执着，过分执着看似虔诚，实则迂腐。凡事不能做作，过于做作，便是自欺欺人。邓小平说："不要拒绝变化，拒绝变化就不能进步。"世界上万事万物都是变化发展的，不能用一成不变的眼光看待人和事。要真正通达事理，就要用发展的观点看问题，用变化的观点看问题。

本心为主宰　佳名传后世

耳目口鼻，皆无知识之辈，全靠着心做主人；身体发肤，总有毁坏之时，要留个名称后世。

【译文】

耳朵、眼睛、嘴巴和鼻子，都是不能思想的器官，全靠着人的这颗心做主来指挥他们；身体发肤，最终总会有毁损腐朽的时候，但是要留一个好的名声传给后世。

【评点】

《孟子·尽心上》中曾说："尽其心者，知其性也；知其性，则知天矣。存其心，养其性，所以事天也。天寿不贰，修身以俟之，所以立命也。"这就是说，人应该把存心养性作为自己安身立命之法。孟子所说的心，一曰"仁，人心也"；一曰"心则官则思"。心既指仁义礼智"四端"的善性，也即所谓的"良心"，又指能够"思"的理性思维能力。一个人不注重"修心养心"，就会耳不辨忠奸，目不辨黑白，口不味真假，鼻不嗅香臭，便会误入歧途，走上邪道。《大学》有言："心正而后意诚，意诚而后身修。"一个人要成为一个品行高尚、有所作为的贤能之士，必须在"正心"上下功夫。

古人云："身体发肤，受之父母，不可毁伤。"但人总是要死的，人的身体最终是要腐烂毁损的，这是自然的法则。而要实现人的"不朽"，就必须学有所成，行有所为，业有所就。在人生的道路上，才能留下闪光的足迹。"人死留名，虎死留皮。"即使只是一颗流星，在划过天际之时也要留下一道光亮，在天空留下自己的足迹。

135

有天资须加学力　慎大德也矜细行

有生资，不加学力，气质究难化也；慎大德，不矜细行，形迹终可疑也。

【译文】

有很好的天生资质，但如果后天不努力学习，其气质终究难以得到改变而臻善境；只谨慎留心大的德行是否亏失，而不注意日常小节，其言行终究不能够取信于人。

【评点】

人的品行具有可塑性，这是毋庸置疑的。正如一块璞玉，如果精心琢磨，会变得光润美好；然而，若不加以琢磨，再好的坯子，也顶多不过是一块石头，终究不能成为玉器，正所谓"玉不琢，不成器"。倘若只有良好的天资，而后天不肯努力，则久而久之，良好的天资也会锈蚀，可发掘的潜力亦被埋没，应有的事业与成就也会成为泡影。

人不仅要在大是大非问题上要谨慎，在日常的一言一行中也要注意。有道是"窥一斑而知全豹"。有时，小节正是一个人内心世界的真正流露，如果小节屡屡有失，也就足以表明此人还需要调养心性、完善自我。只有真正做到"大事不糊涂""细行不疏忽"，才能真正成就大事，完善人生。

忠厚人颠扑不破　冷淡处趣味弥长

世风之狡诈多端，到底忠厚人颠扑不破；末俗以繁华相向，终觉冷淡处趣味弥长。

【译文】

世俗风气中的各种狡诈行径层出不穷，但到底还是忠厚老实的人才能颠扑不破，自立于世；近世习俗崇尚繁华，但终究还是觉得宁静平淡的日子更加趣味悠长。

【评点】

在世风狡诈的环境里，忠厚之人往往要受到狡诈之人的排斥、打击，还要受到世俗偏见的中伤、攻诘，被视为"不识时务"。然而，"日久见人心"，忠厚之人以忠厚为本，以忠处事、以诚待人，终究会在攻诘、非难里抬起头来，受到人们的尊重与敬仰。

《庄子·刻意》中说："就薮泽，处闲旷，钓鱼闲处，无为而已矣。此江海之士，避世之人，闲暇者之所好也。"庄子认为闲散居士的好处是"平易恬淡，则忧患不能入，邪念不能袭"。当有些人日益崇尚奢侈浮华，为金钱名利所诱惑而不可自拔的时候，我们何不在寂静平淡的生活中寻求一些简单平凡的快乐呢？

结交直道友　亲近老成人

能结交直道朋友，其人必有令名；肯亲近耆德老成，其家必多善事。

【译文】

能够结交行事正直、符合道义的朋友，这样的人也必定会有好的名声；肯亲近德高望重、老成稳重的长者，这样的人一定会多行善事。

【评点】

在人的一生中，许多东西是注定的，不能选择，但朋友却可以选择。有人攀附腰缠万贯的富人，希望能带给自己不尽的荣华；有人阿谀奉承、巴结权贵，希望近官者而得"官"。这种带有功利目的的交友方式当然不可取。孔子说过，有三种朋友值得学习，那就是"友直、友谅、友多闻"。友直便是行为正直、符合道义；友谅，就是能够原谅我们的缺失，而又能加以规劝；友多闻就是见多识广，富有识见。这样的朋友，才是我们真正值得深交的朋友。这种友情，才是世间最宝贵的财富。

"没有老人的世界，该是多么贫乏和荒凉！"老年人的人生经验，正如宝藏，只要你肯虚心求取，必能从中获得许多可贵的宝物；又像是地图，只要你肯问询，就可以指引我们走向正确的道路。一个人如果常常去亲近那些有修养、有道德的老人，那么他在漫漫的人生道路上，就可以少走弯路，把握住生活之航船前进的方向。

化人解纷争　劝善说因果

为乡邻解纷争，使得和好如初，即化人之事也；为世俗谈因果，使知报应不爽，亦劝善之方也。

【译文】

为乡邻们解除纠纷和争执，使他们和好如初，这是化导他人的善事；向世俗之人谈论因果报应的道理，使他们知道"善有善报，恶有恶报"，这也是劝人们行善的方法。

【评点】

俗话说："远亲不如近邻。"邻里之间，就像牙齿和牙床的关系一样，密不可分。如何在摩擦中碰撞出心灵相通、情感真挚的火花，这里蕴含着许多道理和智慧。首先要宽容他人；其次，要以赤子之心待人；再者，为人不可自私、刻薄。在邻里之间有了矛盾的时候，能够想办法予以化解，那就更能够增进邻里之间的感情，得到乡邻们的尊重。在这个过程中，你付出了汗水，得到的将是满园春色。

"善有善报，恶有恶报。"正如种什么瓜，结什么果一样，善恶都是有报应的。因此，我们要勉力行善，做到"勿以善小而不为，勿以恶小而为之"。

发达亦由做功夫　福寿还须积阴德

发达虽命定，亦由肯做功夫；福寿虽天生，还是多积阴德。

【译文】

人生能否飞黄腾达虽然是命中注定的，但也是因为肯下苦功不断努力奋斗的结果；福分和寿命虽然是生有定数，但也是因为他多行善事、积累阴德的结果。

【评点】

一个人的富贵显达，虽然有外在条件的制约，却也是自己努力的结果。如果只相信命运，认为一个人事业的成功，完全是命中注定的，因而想不劳而获，那就大错特错了。就算你出身豪门，如果只知衣来伸手、饭来张口，那万贯家财也终将被挥霍一空。因此，决定成功与否的关键因素不在命运，而在于我们自身，我们不能听天由命。无可奈何的埋怨只能埋葬自己，操纵命运之神的人是我们自己。倘若生活为你打开了一条通道，能否走到成功之巅，还得看你后天的努力。

"福寿虽天生，还是多积阴德。"现在看来，当然有一定的封建迷信色彩，但从现代心理学的观点来看，却是有一定道理的。一个多行善事的人，他肯定会因此而心情愉悦，他也会生活在一个和睦友好的环境中，得到周围人的尊重与敬仰。而这样的人，因为心理健康，肯定"可得永年"。而自私偏狭、多行不善之人，扪心自问，肯定会受到良心的谴责，身心自然不会愉悦，终日生活在惶恐、担心、提防之中，这样的人想得永年也不可能了。

百善孝为先　万恶淫为源

常存仁孝心，则天下凡不可为者，皆不忍为，所以孝居百行之先；一起邪淫念，则生平极不欲为者，皆不难为，所以淫是万恶之首。

【译文】

思想上常存有仁慈孝顺的心意，那么天底下所有不正当的事，都会不忍心去做，所以说孝行是一切好的品行中首先应该做到的；思想上一旦起了邪恶淫逸的念头，那么平常人很不愿意去做的事，也不难做出来，所以说淫乱之心是一切恶行的开始。

【评点】

一个心怀仁义的人，有着"民胞物与"的胸怀，就更不可能妄加杀生，做出伤天害理的事了。同样的，一个有孝心的人，在做任何事之前，都会想到那样做会不会使先人蒙羞，甚至还要想，如何做才是继承先人的志向和事业。这样，一方面断绝了恶行之源，另一方面又开启了善行之端。

所谓"色胆包天"，一个人心中一旦起了淫邪的念头，就什么坏事都做得出来了。因为，色欲是一个人欲念之中最为强烈的，一旦放纵，整个人就会受肉欲所驱使，而不能为心智所控制，什么伤天害理的事都敢去做了。现在揪出来的那些巨贪大蠹，大多是因为受美色引诱而走出了邪恶的第一步，最终害了自己、害了集体、害了国家！

自奉减几分　处世退一步

自奉必减几分方好，处世能退一步为高。

【译文】

对待自己，物质享受一定要减省几分，只要适宜就好；为人处世，凡事能够退让一步，才是明智的做法。

【评点】

孔子曰："奢则不孙，俭则固。与其不孙，宁固。"对自己过于奢侈，过于"珍爱"，往往会不思振作和进取。历史上，由奢侈招致败亡的事例实在太多。因此，历代许多有识之士，无不反对奢侈。他们不但自己谨守俭约，而且以此要求家人和子女奉行不易。奢侈并不仅仅指那种动辄耗费成千上万的现象，更多地表现为日常生活中不必要的排场和过度的花费。正因为奢侈更多地表现在日常生活里，所以前人很注重防微杜渐，并时常提醒自己在享受上"减几分方好"。

"忍一时风平浪静，退一步海阔天空。"与人相处，要谦和礼让，淡泊名利。只有宽阔的胸襟、博大的情怀，才能赢得友谊，增进团结。古人云："量小失众友，度大集群朋。"只有度量博大，才能解人之难，释人之惑，扬人之长，谅人之短，从而产生巨大的吸引力和感召力，使人乐于亲近。

"自奉"上的"减几分"，"处世"上的"退一步"，同"成事"上的"增几分""进一步"是密切相关的。《菜根谭》中说："人生减省一分，便超脱一分。"这种超脱，不仅会带来精神上的愉悦快乐，而且会赢得事业上的进取和成功。

守分安贫　持盈保泰

守分安贫，何等清闲，而好事者，偏自寻烦恼；持盈保泰，总须忍让，而恃强者，乃自取灭亡。

【译文】

安分守己、安贫乐道，这是何等清静闲适的境界，而喜欢制造事端的人，偏偏要自寻烦恼；在事业兴盛时应保持平和的心态，不骄不躁，总要注意忍让，那些自恃强大的人，等于是自取灭亡。

【评点】

"春有繁花秋有月，夏有凉风冬有雪。若无闲事挂心头，便是人间好时节。"人生在世，遇事应该顺其自然，不强求而尽本分。保持内心的安泰，才是人生最大的快乐。至于贫富，不必苛求。而有些人却为了金钱，疲于奔命，更有甚者，不惜以前途、生命做赌注，以求金钱财富，成为钱财的奴隶。这些人，最终往往为捞取不义之财，被金钱所吞噬。这种教训，应该说是很深刻的。

身处安泰的环境，就更应当谦虚谨慎了。古语说得好："势不可使尽，福不可受尽。""使尽""受尽"之后，便是穷困贫乏了。更有一些人，穷奢极欲不算，或骄横跋扈、仗势欺人，或敲诈勒索、鱼肉百姓，或恃强凌弱、欺行霸市。这种人，往往都没有什么好下场。"无论你繁花似锦，怎奈何秋风无情。"等待他们的，只能是道德的审判与刑律的制裁。

143

境遇无常须自立　光阴易逝早成器

人生境遇无常，须自谋一吃饭本领；人生光阴易逝，要早定一成器日期。

【译文】

人生的境遇变化无常，每个人都必须自己谋求一技之长获得生存的本领；人的一生光阴很容易流逝，总要尽早给自己拟定一个成就事业的期限。

【评点】

"自立"与"成器"，是古人教育、培养晚辈立身处世的重要内容和目标。要实现这样的目标，"勤勉"与"立志"无疑是极其重要的途径。

《颜氏家训》说："人生在世，会当有业。"一个人若要立足社会，必须学会一艺，以自立，以维生。所以古人云："一艺通而百艺通。""一艺不精，误了终生。"

时间是一条长河，作为个体的人，不过一粒河沙而已。要想在短暂的人生中成就一番事业，真正实现"修身齐家治国平天下"的人生宏愿，也就是所谓的"成器"，必须从"立志"入手。一个毫无人生目标，庸庸碌碌打发光阴的人是不可能成就大的事业的。同时，"立志"要趁早。人生的旅程，并不像一场田径赛或者是一场考试，必须等到铃响才能开始，它允许"偷跑"，因此，越早确定前进的目标，越早起跑，在人生的道路上就越有可能捷足先登。因此，我们宁可早早多花一点时间，真正找准最适合自己的方向，规划好自己未来要走的路，并为之付出不懈的努力，那么，成功就在不远的前方。

谋道莫有止心　穷理须有真见

　　川学海而至海，故谋道者不可有止心；莠非苗而似苗，故穷理者不可无真见。

【译文】

　　河流学习大海的兼收并蓄，于是最终汇流入海。所以追求真知的人不能有停滞不前的松懈心理；野草不是禾苗却长得像禾苗，所以探究事理的人不能没有真知灼见。

【评点】

　　"川学海而至海""莠非苗而似苗"，由此可以引申出两个道理：一是人在追求知识、完善自我的过程中，不可妄自尊大，停止前进的步伐；二是人在探寻真理的进程中，不可鱼目混珠，缺乏真知灼见。

　　知识的海洋横无际涯，谁也不能说自己能够穷尽。《庄子·秋水》篇中曾有一则寓言："秋水时至，百川灌河。泾流之大，两涘渚崖之间，不辨牛马。于是焉河伯欣然自喜，以天下之美为尽在己。顺流而东行，至于北海，东面而视，不见水端。于是焉河伯始旋其面目，望洋向若而叹曰：'野语有之曰："闻道百，以为莫己若者。"我之谓也。且夫我尝闻少仲尼之闻而轻伯夷之义者，始吾弗信。今我睹子之难穷也，吾非至于子之门则殆矣，吾长见笑于大方之家。'"如果我们自以为了不起，停止前进的脚步，那我们就连寓言中的河伯都不如了。

世界是纷繁复杂、变化多端、杂芜多质的。《韩诗外传》中言："白骨类象，鱼目似珠。"这就要求人们必须时刻保持清醒的头脑，具有洞明事理的真知灼见，具有敏锐的观察力和睿智的鉴别力。要善于观察、善于分析，去粗取精、去伪存真。

守身必谨严　养心须淡泊

守身必谨严，凡足以戕吾身者宜戒之；养心须淡泊，凡足以累吾心者勿为也。

【译文】

持守节操必须严格谨慎，凡是足以损害自己操守的行为，都应该戒除；修养身心必须淡泊名利，凡是足以使自己心灵疲累的事情，都不要去做。

【评点】

守身与养心，是人生着眼品行与情志，塑造理想人格的重要方面。

守身，关键是要反观自身，时刻反省自己的行为是否有越轨之处，言谈是否有失妥当之处，一些习惯是否合乎社会道德规范，处事是否合情合理。如有不当之处和过失行为，便主动及时地纠正补过、引以为戒。面对他人的非难、攻讦，首先想到的不是以牙还牙，以对抗的方式保护自己，而是要检点自己的身心，找到遭非议和排斥的原因，"有则改之，无则加勉"，这样自然会赢得众人的理解和支持。

"人活一世，草活一春。人间物什，生不带来，死不带去。一味欲求，何苦累心？"物欲的满足永无止境，追求那些不现实的、得不到的东西，只能徒生烦恼。正如卢梭所言："人啊，把你的生活限制于你的能力，你就不会再痛苦了。"

147

有德不在有位　能行不在能言

人之足传，在有德，不在有位；世所相信，在能行，不在能言。

【译文】

一个人值得为人称道，在于他有高尚的德行，而不在于他有高贵的地位；世人所相信的，是因为他能干出一番业绩，并不是能言巧语。

【评点】

一个人之所以能够被人们传颂和赞赏，不在于他有多高的地位和多大的权势。有地位和有权势的人，易为世人所知，但未必就会被世人尊重和颂扬。做善事之善者，方为世人称道；庸碌无为者，常常为世人所遗忘；做恶事之恶者，则为世人所唾弃；恶贯满盈的有权势者，留下的只能是千古骂名。当然，说"有德，不在有位"，并非是说有位便无德。在道德与杰出人物的交互作用中，杰出人物的道德品质，具有更大的影响力。具有较高地位和权势的人，高尚的德行更为重要，品德高尚，才能有很高的威望，也才能真正为国为民做出应有的贡献。

一个人要想让人们相信自己的能力，关键在于处事有方、才华卓越，而不在于嘴上说得如何的天花乱坠。飞将军李广"悛悛如鄙人，口不能道辞"，却成了一代名将；赵括"言兵事，以天下莫能当"，最终却身死兵败，数十万之众一夕败亡。因此，世上没有哪一项事情，是靠嘴上"吹牛"而成功的，能够奋力拼搏，才能取得成功，赢得他人的信任。

有誉言不如无怨言　留产业不如习恒业

与其使乡党有誉言，不如令乡党无怨言；与其为子孙谋产业，不如教子孙习恒业。

【译文】

与其有意让乡邻们对自己留有赞誉的言语，不如让乡邻们对自己毫无怨言；与其为子孙后代谋求资产物业，不如教导他们学习可以持久发展、谋生的本领。

【评点】

每个人来到人世，便要受到世上包括乡邻、朋友、公众的评价；反过来，自己也在时刻评价他人的功过是非。然而，当自己评价他人时，往往抱怨多于赞誉；而自己在对待他人的评价时，又往往欣喜于赞誉，厌腻于抱怨。其实，一个人要赢得他人一时的赞美，并不是件难事。只要多替他人着想、多为他人做几件好事，有时不过是举手之劳，都会受到别人的称赞和感激。然而，最困难的是让那些熟悉你的人，与你长期共事的人，对你没有抱怨情绪，这确实有点难。因为让乡邻、朋友和同事等心悦诚服、没有抱怨的人，一定是涵养极好的人。这就要坚持高标准、严要求、深涵养、细雕琢，塑造高尚的人格形象。然而人生在世，让他人对自己毫无怨言，也过分苛刻而不切实际了。同一件事，同一种行为，人们由于认识的差异、境界的不同，必然会有不同的看法。"仁者见仁，智者见智"，要所有人都没有怨言，是不可能的，只要能做到无愧于心，能得到大多数人的理解与支持，也就行了。

人皆好为子女谋求田产家业，本无可非议。但是子孙若是庸碌无能，缺德少才，纵有田产千顷，家财万贯，也会坐吃山空。倒不如教子孙习得一技之长，掌握长久谋生的本领。古人云："授人以鱼，只供一饭之需；授人以渔，终身受益无穷。"教子也是这样，与其为其"谋产业"，不如教其"习恒业"。

先圣格言是主宰　他人行事即规箴

多记先正格言，胸中方有主宰；闲看他人行事，眼前即是规箴。

【译文】

多多记住古代圣贤们的格言，胸中才会有主见；旁观他人做事的成败得失，可作为自己做事的借鉴。

【评点】

先贤的警语格言，既是对人事的深刻反省，也是对世事相对正确的总结概括。能够经久不衰流传至今，充分证明了它旺盛的生命力和内蕴的理性。虽然随着时光的流逝，时代不同了，社会环境不同了，社会政治制度也有了天壤之别，但只要本着"去粗取精，去伪存真""取其精华，弃其糟粕""古为今用"的态度，先贤的格言警句不但可以重放光辉，而且还可以对我们的处世做人、成事立业以有益的帮助。

生活实践是最好的导师。"世事洞明皆学问，人情练达即文章。"先贤的格言虽说可以给我们以启示，但生活却能为我们提供更多更新的思考。每个时代有每个时代的特点，生活在一个变化中的时代，就要密切关注它的发展变化，从变化发展中有所发现，有所觉悟，有所提高。"他山之石，可以攻玉"，"三人行，必有我师焉"。只要我们不耻下问，善于发现别人的长处与失误，就可以把别人的教训作为自己的经验，把他人的成功经验作为自己立业成事的航标灯塔。

陶侃精勤犹可及　谢安镇定难以学

陶侃运甓官斋，其精勤可企而及也；谢安围棋别墅，其镇定非学而能也。

【译文】

陶侃闲暇时常常在官邸内外来回运砖，以磨炼自己的体力和意志，这种精诚勤恳的态度，是我们可以学着做到的；谢安在淝水之战大捷的战报传来之时，还能够和朋友在别墅从容不迫地下围棋，这种镇定自若的功夫，就不是我们一时能学得来的了。

【评点】

晋代名臣陶侃，勤于躬行，十分注重磨砺和培养个人的品行与意志。他任广州刺史时，每当余暇，便总要早晨将一堆砖块运到官邸外面，傍晚再将砖搬回屋内，以不使自己形成怠惰的习惯。这种苛待自我、精诚勤恳的态度，实为可贵，于今同样值得学习与借鉴。一个有志向、有抱负的人，首先就要从"勤"入手，有意识地自加检束，并要逐步养成吃苦耐劳、踏实干事的生活作风和良好习惯，这是走向成功的第一步。

晋代名相谢安，在前秦和东晋战事激烈时，面对数量超过自己的强敌，镇定自若。当淝水之战大捷的战报传来时，仍然能和朋友从容不迫地下棋，这种镇定的功夫，不是我们轻易就能学得到的。从一定意义上讲，镇定是一种胆识，更是一种心理谋略。于镇定中思索事情，能够免致因惊慌失控的心理影响而导致决策失误；镇定可以稳定自己，威慑对手，使对方对你产生敬畏、疑虑，甚至恐惧的心理，从而在心理上压倒对手，达到不战而屈人之兵的目的。在当前错综复杂、瞬息万变的市场经济大潮中，一个单位、一个团体、一个企业的领导者，必须具备镇定这一个重要的基本素质。能当事自若，处变不惊，善于在复杂多变的环境中抓住事物的本质特征，当机决断，作出最为合理的抉择，才能在错综复杂的变化环境中找准最合理的对策，把握准前进的方向，引领自己的团队稳步驶向成功的彼岸。

但患我不肯济人　须使人不忍欺我

但患我不肯济人，休患我不能济人；须使人不忍欺我，勿使人不敢欺我。

【译文】

只担心自己不愿意去接济他人，而不要担心自己是否有能力去接济他人；要让他人不忍心欺骗自己，而不要使他人因畏惧而不敢欺骗自己。

【评点】

接济他人乃传统美德，德行之举。然则世俗之人多有见危不救者，见死不救者。问之，多对曰："能力有限，力不从心。"果真如此吗？非也。关键并不在于是否真的有能力帮助他人，而在于有无真心助人、有无善心济人罢了。助人济人，全在一个"心"字。如果真的有心救助他人，并不怕自己能力不够，只要有心，任何事情都一定可以略尽绵薄之力的。

《史记·滑稽列传》中写道："子产治郑，民不能欺；子贱治单父，民不忍欺；西门豹治邺，民不敢欺。三子之才能谁最贤哉？辨治者当能别之。"司马迁没有明确地表明自己对三者孰优孰劣的评价，但读者还是能一眼就看出他的观点所在。真正的德政，是润物细无声的，是通过提高全民的道德素质，让老百姓自觉地遵守社会秩序，而不是依靠严刑酷法，让老百姓因畏惧法律而不敢出轨。治国是如此，一个人与他人的交往也同样是如此。真正有德行的人，是以自己的行动去感化身边的人，用自己善良的品德、爱人的真心去感化别人，使之"不忍欺我"，而不是以自己的凶悍去威慑身边的人，使人"不敢欺我"。

能读书便是享福　能教子才算创家

何谓享福之人？能读书者便是；何谓创家之人？能教子者便是。

【译文】

什么样的人可以称为享福的人？能够读书并从中得到乐趣的人就是；什么样的人可以称为创立家业的人？能够把子孙教导好的便是。

【评点】

英国文学巨匠莎士比亚曾说："书籍是全世界的营养品。生活里没有书籍，就好像没有阳光；智慧里没有书籍，就好像鸟儿没有翅膀。"我国民主革命先驱孙中山先生也说："我一生的嗜好，除了革命外，就是读书。我一天不读书，就不能生活。"书之所以能给人带来快乐和幸福，是因为书能使人打开心灵的窗户，使心灵得到滋补和愉悦。

快乐和幸福，原本就是人的一种心理感受。物质的利诱，只能使人得到外在的刺激，而不能像书一样成为开启心灵的钥匙。那些虽然清贫，但却能从书中聆听最悦耳音乐的人，其乐无穷，可谓清福无边。

在创业有成者的家业中，人们往往会列出诸如房子、土地、企业、财团等一系列的物质财富。殊不知，这些"财富"如果落到不肖子孙的手中，顷刻间便会灰飞烟灭。因此，我们应该时刻谨记，"为创家者，不患不富，患于得子而不成器也"。

勿溺爱子弟　勿弃绝子弟

子弟天性未漓，教易入也，则体孔子之言以劳之(爱之能勿劳乎)，勿溺爱以长其自肆之心。子弟习气已坏，教难行也，则守孟子之言以养之(中也养不中，才也养不才)，勿轻弃以绝其自新之路。

【译文】

当子弟的天性还没受到不良社会习气的浸染时，教导他比较容易，那么就应该按照孔子所说的要教导子弟勤劳（"爱之能勿劳乎"），不要过分宠爱而滋长其自我放纵、不受约束的习性。当子弟已养成了不好的习气，教导他就比较难了，那么就应该按照孟子所说的，父兄自己先合乎中道，以之教导子弟，使之归于中道，有才的教导无才的，使之自觉自发（"中也养不中，才也养不才"），不要轻易放弃对他的矫治而断绝他改过自新之路。

【评点】

子曰："绘事后素。"（《论语·八佾》）就是说，绘画涂彩之事，必须等素丝白绢织成之后方可进行。素丝白绢，如人之有美质在德、心性纯良。有了良好的质地基础，我们方可以画出最新最美的图画。传人以道，养人以德，授人以技，卓然屹立于天地之间。要教育子女成为正直、诚实、知礼、有德的人，就必须从小抓起，从其心地尚未被外界不良因素所浸染的时候来教育。《烈女传》所记载孟母三迁、断杼教子的故事，充分说明教育环境对一个人的成长及最终成就，都有着至关重要的影响。

一旦放纵成习，子女养成了不守规矩的陋习，再想纠正就比较费力了。对这些子弟，要"教之以义方"(《春秋左传·隐公三年》)。即对于有缺点的子弟，要让教养有方、仪表称范的长辈加以规劝和诱导，努力促使其改邪归正，悔过自新，千万不能轻易放弃任何可以使其受到良好教育的机会。同时，还要把他交给那些有才干的贤者言传身教，加以培养，教育他们学习和掌握一定的生活技能和本领，成为对社会和他人有益的人。

忠实而无才，尚可立功
忠实而无识，必至偾事

忠实而无才，尚可立功，心志专一也；忠实而无识，必至偾事，意见多偏也。

【译文】

如果一个人忠厚诚实，却没有什么才能，还是可以建功立业的，因为他专心一意；如果一个人忠厚诚实，却没有什么见识，那必然会把事情办糟，因为他的想法和见解偏离了正确方向。

【评点】

忠实是成事之本。一个人虽然没有多大本事和才能，但只要忠实履行自己的职责，竭心尽力地做事，还是可以立一些功的。蚕食桑叶，远没有鲸吞海水那样有气势，但终究细而食之，吐丝为人织锦绣。愚公移山，志在专一，"子子孙孙无穷尽也"。功成业举，贵在专一，三心二意，只能半途而废。

成事要有专一的态度，还必须确定正确的方向。如果一个人不能找到正确的前进方向，那么，即使他专心致志地努力了，也只能在错误的方向上越走越远。所以，要成事，须有宏阔的见识，能找到正确的方向，仅仅是用力而无识是不行的。有人曾作过这样的比喻：才是"斧刃"；学是"斧背"；识则是控制才、学方向，使之能充分发挥的"斧柄"。这好比一个人爬山，只要他找到正确的路，并坚持不懈地往上爬，哪怕他爬得再慢，终究能有登顶的一天。而如果找不到正确的道路，那就只能永远在蒙昧中摸索了。

居安思危　脚踏实地

人虽无艰难之时，却不可忘艰难之境；世虽有侥幸之事，断不可存侥幸之心。

【译文】

一个人尽管处在没有什么艰难的顺境之中，也不能够忘记人生还有艰难逆境的存在；世上虽然有一些侥幸成功的事情，但断然不可以心存侥幸的心态。

【评点】

人无远虑，必有近忧。有这样一则故事：从前一座佛寺旁，住着一户富足的人家，他们每顿要让厨子煮很多饭，做很多好菜，吃不完就倒在门前阴沟里，任其漂流。流经寺院门前的时候，寺里有一位老和尚便把饭捞起来，在太阳下晒干，然后存在粮仓里。过了几年，适逢大旱，颗粒绝收，那个富户家里储存的粮食已消耗一空。这时，寺里老和尚很大方地送他一仓大米接济，同时对那"富人"说："你不必感谢我，因为这些大米本来就是你家的。"

听了这则故事，很容易使人想到《朱子家训》中"一粥一饭，当思来之不易；半丝半缕，恒念物力维艰"这句话。可见，人即使处在顺遂幸福的环境中，也不可穷奢极欲、纸醉金迷。好花不常开、好景不常在，一切都无常，我们又怎能乐而忘忧、不察不防呢？

很多人都听过"守株待兔"的故事，都笑话那个农夫。但现实中，却仍然有不少人心存侥幸心态，想着不劳而获，想着天上掉元宝，而荒废了正当营生。那些地下博彩者不就是整日幻想着一日暴富吗？他们嘲笑"守株待兔"中的农夫，其实不过是"五十步笑百步"罢了。

心静则明　品超斯远

心静则明，水止乃能照物；品超斯远，云飞而不碍空。

【译文】

内心清澄则自然能够明察，就像平静的水面能够映照事物一样；品行超绝便能远离物累，就像浮云飞过而无损天空的一览无余一样。

【评点】

有师徒三人，见一幡迎风飘动，一徒弟说："风未动而幡自动。"另一徒弟则说："非幡动，是风动。"二人争执不下，师父却说："既非风动，也非幡动，乃汝心动也。"这则论禅的故事，尽管过于唯心，但却从一个侧面说明了：心，即人的主观意识在人们认识、判断事物中起着至关重要的作用。人的意识如一汪泓水，倘若风来兴波，映物则变其形，照人则失其真；倘若浑浊不堪，则既不能自照，又不能鉴人。人们之所以追名逐利，贪图淫逸，就是因为心中存有情欲爱恋的牵累，受物欲的羁绊。因此，抛弃物累，澄澈心灵，使心归于清静，才能修身养性，正己正人。

人在认识、判断、裁夺事物时，之所以不能做到不偏不倚、公正平和，除了有个人见识局限的因素，往往还有个人的利害关系掺杂其中。老是考虑取此还是取彼，是此还是彼，才能于己有益，就不可能实事求是、合情合理地处理问题，导致纷争、矛盾加深，甚至给他人、群体、社会造成不应有的损失。相反，心境清静者，不求虚名，不图财货，无欲则刚。如此，则自然能公正廉明，秉公处事，严于律己，宽以待人。

贫乃顺境　俭即丰年

清贫乃读书人顺境，节俭即种田人丰年。

【译文】

对于读书人来说，能耐得住清贫就是顺遂的境界；对于种田人来说，能够节俭就是丰收之年。

【评点】

清贫虽然对于人们来说是一种困厄，但不妨说更是一种砥砺。它可以促使人们超越横逆穷困，奋发振作，以酬壮志。很多人都向往过富裕奢靡的安逸生活，但奢靡容易使人萌生贪欲，安逸容易使人精神懈怠，无所追求。颜渊"一箪食，一瓢饮，在陋巷。人不堪其忧，回也不改其乐"，真正的读书人并不以贫为苦。"清贫乃读书人顺境"，就是因为清贫不但足以养廉，亦足以诚心，从而没有物欲牵累，扰乱自己的身心与学业。

古人有云："清贫多寒士，约俭若丰年。"节俭是一种良好的美德。天道无常，不可能保证年年风调雨顺，五谷丰登，种田人家，能够力行节俭，在丰年能有奉余，那自然能以丰补歉，在歉收的年岁也能保证衣食无忧了。种田人如此，其实各行各业、各个阶层的人也是如此。人的一生，不可能保证一辈子风平浪静，一帆风顺，在自己处于顺境时能有所积存，那处于逆境之时也就不会感到生活无以为继了。

迂拙人不失正直　虚浮士绝非高华

正而过则迂，直而过则拙，故迂拙之人，犹不失为正直。高或入于虚，华或入于浮，而虚浮之士，究难指为高华。

【译文】

为人过于方正则易不通世故，过于直率就会显得有点笨拙。但迂阔笨拙的人，仍然不失为正直的人。目标太高往往会成为空想，注重奢华往往会变得虚浮。空想虚浮的人，终究难以被认为是高明而有才华的人。

【评点】

不谙世情谓之迂，不通世故谓之拙。但凡那些迂拙之人，就是因为他们遇见的险恶少，所以仍以赤子童心待人处事，毫无圆滑取巧的用心。然而，迂拙之人常被人冠以木头疙瘩、榆木脑袋等种种不雅之名。这些人常怀有善良之念和正直之心，他们不肯为圆滑应世和老于世故而泯灭了自己的天性和善心。他们的诚挚与厚朴，证明了他们不失为正直之人。

做人不仅要正直，而且要朴实。面对现实，要正确估计自己的能力和才干，不尚浮华，不揣妄念，善于做踏实勤勉的努力，而不可急于事功、贪恋华美虚浮的外表。非常之人，非常之事，非常之功，世上虽有，但多在于自然天成而不必妄求。《论语》上讲："不得中道而与之，必也狂狷乎！狂者进取，狷者有所不为也。"狂者常抱持非常之向往，狷者则默默无为，只有中庸之人，多守持平常之心境，因而孔子推崇"中道而与之"。一个人有远大的志向并不难，难的是能终生抱持平常心，以踏实、勤勉的态度来铺就自己漫长的人生路。

背乎经常为异端　涉于虚诞皆邪说

　　人知佛老为异端，不知凡背乎经常者，皆异端也；人知杨墨为邪说，不知凡涉于虚诞者，皆邪说也。

【译文】

　　有人认为佛家和道家的思想是异端思想，但不知道只要是与经典和常理相背离的，都是异端思想；有人认为杨朱和墨子的学说是邪说，但不知道只要是宣扬荒诞虚妄思想的，都是邪说。

【评点】

　　在旧时，异端是指不符合正统思想的主张或教义，其意思并不涉及正确与否，一些违背当时统治阶级思想意识的学说和思想，统统被斥之为异端。比如：伽利略的"地心说"、哥白尼的"日心说"等，都被当时教会斥为异端。由于这些理论学说有悖于当时人们的传统观念和正统思想，为此还受到了无端的压迫。但随着社会的发展进步，他们的学说却得到了人们的认可。

　　其实，佛老之说，一为宗教，一为哲学。无论是佛家讲求修行功德，还是道家崇尚寂静自然，都是一种人生态度的自由选择。但在封建社会末期，却因为与正统的儒家学说相悖而被视为异端。事实上，真正的异端往往出于人的错误认识。凡是不合乎人性发展的正确认知者，不符合事物的客观发展规律者，不能为人类带来和平幸福者，才应该被视为异端。

　　邪说是指有严重危害性的不科学、不正当的议论。杨墨之学说，在封建社会的君子士大夫看来，是旁门左道之学说。古时孟子更斥责杨朱与墨子的学说为邪说，说杨朱无君、墨子无父。其实，墨子主张人与人平等相爱（兼爱），反对侵略战争（非攻），在战争中扶助弱小、抵抗强暴，这些思想和行为在现今看来，仍然具有一定的进步意义。杨朱认为："古之人损一毫利天下不与也，悉天下奉一身不取也。人人不损一毫，人人不利天下，天下治矣。"承认人人为我，承认自身利益的合理性与合法性并予以保护，在一定程度上可以说具有一定的合理性。但在封建社会一人独尊的社会体制下，这两种思想却被视为邪说，因为它有碍于封建专制统治。时代发展到今天，我们认为，是不是歪理邪说，不是以是否有利于统治阶级的统治为标准，而是以内容是不是荒唐虚妄，是不是不切实际、不合情理为标准。

背乎经常为异端　涉于虚诞皆邪说

亡羊补牢未为晚　退而结网不为迟

图功未晚，亡羊尚可补牢；浮慕无成，羡鱼何如结网。

【译文】

想要有所成就，任何时候都不为晚，就算羊跑掉了再来修补羊圈，还是可以挽救的；只知道空自美慕他人，只能一事无成，站在水边希望得到水中的鱼，还不如赶快回家织渔网。

【评点】

"闻道有先后"，这是人之常情。但是，闻道于先，却未必得道于前；闻道于后，也未必得道必晚。世上无难事，只怕有心人。只要肯做、善做，持"志"以恒，哪怕起步晚点，仍然可以有所作为。姜太公年过八十方出山，管夷吾七十入相，梁灏八十二乃学习，苏洵四十始知学，但他们无不学有所成，有所建树。只知道"红了樱桃，绿了芭蕉"，仍整日沉湎于一无所成的嗟叹、追悔之中，就只能"明日复明日，明日何其多，我生待明日，万事成蹉跎"了。"往者不可谏，来者犹可追。"只要立足今天，善待明天，就会在前方看到黎明的曙光。

对他人的成就充满羡慕之情，至少表明自己还有向上之心。只要因势利导，由临渊羡鱼，继而退而结网，身体力行，奋起直追，则定有所成。"退而结网"，即是要"行"。"行之，上也；言之，次也；教之，又其次也；咸无焉，为众人。"坐而论道，仅是清谈名士；鱼跃龙门，溯河而上，虽历经惊涛骇浪，千折百回，但能撷得正果，直抵巅峰。知在"行"中得，学在"行"中进。任何成功的事业，无不由"行"开始，以"行"而获。

道本足于身　境难足于心

道本足于身，切实求来，则常若不足矣；境难足于心，尽行放下，则未有不足矣。

【译文】

真理本来就存在于我们的本性之中，倘若不断追求，则会常常感到不足；外在事物很难满足内心的欲望，如果能把这些欲望全部抛下，那么就没有什么不满足的了。

【评点】

一个终点的结束，就标志着下一个起点的开始，这是事物发展的客观规律。人在认识世界、改造世界的过程中，是由感性认识到理性认识，再通过实践，进而对事物的发展形成一个客观的、全面的、综合的认识。这个认识过程是渐次性的、循环向上的。所以，真正有所追求的人，总会看到自己的不足，永远有前进的动力。周恩来曾给身边的工作人员说过这样一句话："活到老，做到老，学到老。"从这句朴实而简洁的话语中，我们可以悟出这样一个道理：人是要不断进步的，不要因外在因素的制约而打消我们的主观能动性，从而失去进取心。

对知识与真理的追求要不满足，对钱财名利的追求却要适可而止。在我们现实生活中有这样一些人，他们为了钱，为了利，为了名，为了权，为了满足这些永远填不满的欲望，丧失良知，不择手段，为所欲为。这种人不满足的欲望越强烈，对他人、对社会的危害就越大。

读书要下苦功　为人要留德泽

读书不下苦功，妄想显荣，岂有此理？为人全无好处，欲邀福庆，从何得来？

【译文】

读书不肯下一番苦功夫，却妄想着显达荣耀，哪里会有这样的道理？为人处世没有一点好的地方，却想求得福分和吉祥，又从哪里来呢？

【评点】

人皆有显达荣耀之心。但是，不肯下一番苦功夫，求得真知、练就才能，又何以显达荣耀！"知识是人类进步的阶梯"，是社会发展的基石。古今中外，有多少伟人志士，都是在用丰富的知识来武装自己，并把理论知识运用于实践，练就了非凡的才能，成就了伟大的事业，做出了卓越的贡献，赢得了世人的尊敬和爱戴。而有些人，不学无术，耐不得一点求学路上的艰辛，"三天打鱼，两天晒网"，却想着出人头地，扬名天下，无异于痴人说梦。

至于福分和吉祥，并非凭空而来。任何事皆有因有果。有些人把一生的快乐，奠基于索取，理解为享受荣华富贵。试想，如果一个人对他人、对社会只讲索取，不讲付出，坐享其成，哪有这等道理？"福庆"即利益，是社会对人们付出的心血、努力和贡献所给予的回报。没有付出，没有贡献，就得不到利益。就算暂时依靠不正当的手段一时得到了，也不可能长久地享有。

知过即改为君子　肆行无忌是小人

才觉己有不是，便决意改图，此立志为君子也；明知人议其非，偏肆行无忌，此甘心为小人也。

【译文】

刚刚察觉出来自己有了不对的地方，马上毫不犹豫地加以改正，这是立志成为一个正人君子的做法；明明知道别人议论自己不对的地方，偏偏还肆无忌惮、为所欲为，这是自甘堕落为小人的做法。

【评点】

金无足赤，人无完人。每个人都有不同程度的缺点和不足。但是，基于各自的素养与境界有别，不同的人对待自己缺失之处的态度也相差甚远，因此便有"君子"与"小人"之分。

"君子"不但能够"蹈大义而弘大德"，而且善于发觉自身的"不是"，及时予以更改。"君子之过也，如日月之食焉；过也，人皆见之；更也，人皆仰之。"明智之士，不但不讳疾忌医，而且还常常鼓励、约请他人举己之"不是"，揭己之短，并诚心实意更正过。正因为"君子"能够"谢之以质"，所以有"君子之过，不害其为君子"的说法。而"小人"总是文过饰非，甚至对其"过"、其"非"视而不见，充耳不闻，才导致自败，以至于害人祸国。

交情淡中久　寿命静里长

淡中交耐久，静里寿延长。

【译文】

在平淡中结交的朋友，往往能够维持长久；而在平静里度日，则能够益寿延年。

【评点】

"君子之交淡若水"，水唯其淡，无色无味，才不会忽然而溢，陡然而消。葆其常性，方能淡而弥久。与人交往，也是如此。有人相交之初，浓艳若桃李，暴烈如夏雨。但却如疾风暴雨，来时迅疾去时匆匆。唯有那些在平淡的日常生活中结交的朋友，才会如春风化雨而润物无声。淡中交往，应取一个"志"字、一个"净"字。志趣相投，或以志同而交，或以趣和而往，不枝不蔓；心底纯净，无私无欲，不以相交为饵以谋利。同时，淡中还需要一个"真"字，真诚相待，方是真淡。虚伪的平淡，无异于固门封户，绝交于人。

倘若说与人平淡交往是一种美德的话，那么，淡泊名利，保持心静气平则是抵达人生最高境界的必要条件。古人说"常动则近危"，也就是要求人们主静。"夫物芸芸，各归其根。归根曰静，是谓复命。"心境清静，则会"不以物喜，不以己悲"。不为外物所累，不会为功名利禄而追蝇逐臭。以平常心对待平常事，不为身外物苦心劳神，这样才能延年益寿，达到无所为而无所不能为的逍遥游境界。

遇事熟思审处　衅起忍让曲全

凡遇事物突来，必熟思审处，恐贻后悔；不幸家庭衅起，须忍让曲全，勿失旧欢。

【译文】

凡是遇到突然而来的情况，一定要深思熟虑，考虑周详，以免因处理不当而事后反悔；家庭内部不幸发生纠纷，一定要尽量忍让，委曲求全，不使过去良好的感情遭到破坏。

【评点】

一件事情突然发生，不在我们的预料之中。事情发生的起因、特性和规模，也不是我们事先能够把握的。如果仓促应付、贸然行事，很难保证不出差错。在古今军事史上，不少将领就因为对突如其来的战场情况把握不准、判断不清，仓促间做出判断，结果错误决策，遗恨千古。

无论是军事对抗、政治斗争，还是日常生活，面对突如其来的变化，采取何种处置形式，要受到人们心理素质和思维方式的制约，同时也是一个人知识阅历和工作才能的具体体现。头脑发热、莽撞冒失，永远都是目光短浅、城府太浅的代名词。遇事"三思而后行"，冷静观察、沉着应付，才是面对突如其来的事情所应采取的最有效的方法。

一个家庭，作为社会的一个基本单位，不可避免地也会产生内部矛盾，这是自然规律。一个好的家庭，内部也不会永远是风平浪静的。一个家庭是否和睦，不在于是不是有矛盾，而在于面对矛盾时，能不能处理得当。不少家庭在发生内部矛盾时，互相埋怨，争吵打闹，结果父子离心，夫妻反目，男嗟伤，女垂泪，使家庭笼罩在一片阴云之中，甚至使多年的感情一夕破灭，一个好好的家庭四分五裂。很多人事后悔之莫及。其实，在面对矛盾与分歧的时候，能忍一时之气，能互相体谅，多站在对方的角度想一想，很多当时看来激烈的冲突都能在互相体谅中平稳度过。风雨过后是彩虹，一次小的插曲，说不定还能增进家庭内部的理解与团结呢！

聪明勿使外散　耕读何妨兼营

聪明勿使外散，古人有纩以塞耳，旒以蔽目者矣；耕读何妨兼营，古人有出而负耒，入而横经者矣。

【译文】

聪明人不必过于外露，古人曾有用棉絮塞耳、以帽带遮眼，以掩饰聪明的举动。耕田读书可以兼顾，古人曾有日出扛着农具耕作，日暮手持经书诵读的行为。

【评点】

中国古代的道家和儒家都主张"大智若愚"，善于"守拙"。古人还说："鹰立如睡，虎行似病。"故君子要聪明不露，才华不逞，才有任重道远的力量。这也可说是"藏巧于拙，用晦而明"。历史上，耍小聪明的人吃尽苦头，误了终身的比比皆是；而那些大智若愚、藏巧于拙的人却成就了大事，铸造了人生的辉煌。因此，我们当牢记郑板桥的四字箴言："难得糊涂"。

耕以养身，读以养心。身心不能分解，故耕读也不可割离。这里的耕，不单指农户，也可泛指每个人自己的营生。耕读兼营，也就是要把理论学习与实践结合起来。耕而不读，只有实践，而忽略理论学习，行事就易盲从、无智慧；读而不耕，埋首纸堆，不谙世事，那只能成为一个书呆子。"读书是学习，使用也是学习，而且是更重要的学习。"因此，我们一方面应多读书、读好书，以正确的思想理论和科技知识武装头脑，打牢理论知识基础；另一方面要坚持学以致用，在投身实践中深化知识，增长才干，提高认识世界、改造世界的能力，为社会、为人民做出更多、更大的贡献。

天未曾负我　我何以对天

身不饥寒，天未曾负我；学无长进，我何以对天。

【译文】

自身没有受到饥饿寒冷之苦，这是上天不曾亏待我；学问没有一点长进，我又有何颜面以对苍天？

【评点】

人之在世，就是一进一出。进者索取，受恩泽于社会；出者奉献，有作为于社会。且人之奉献本源于索取，故人之索取远多于奉献。一个人赤条条来到人世，便受到无数福祉：父精母血方有己，父慈母爱才有所长，亲朋关切才有所爱，农民血汗才有所食，工人织造才有所衣，老师谆诲才有所学，军人奉献才有所安，社会帮助才使己有所为……因此，做人要常怀感激之心。受到父母、亲戚、朋友、师长、社会的这么多福祉，却不思上进，报答父母，反哺社会，岂不惭愧？

报答社会，做对社会有用之人，必得认真学习，勤学苦练，不断丰富自己，提高自身素质，才能有为于社会。否则，不学无术，一无所长，又怎样为社会做事，拿什么奉献他人？心存感激之念，怀报答父母、报答社会、报效祖国之心，就应该学无止境，求知不已，习得真才实学。

175

不与人争得失　惟求己有知能

不与人争得失，惟求己有知能。

【译文】

不要和他人去争夺名利的成败得失，只求自己能增强知识与能力。

【评点】

有位名人曾说过：生活啊，你的全部意义，也许就在于智慧和能力的获取。不是吗？小小的婴儿，为了生存，就以举手、哭闹、微笑等各种方式扑向母亲，寻找乳汁，这被视为人的本能追求。智慧和能力是一种再生资源，人们对其获取是长久的、不变的；而事物的得失、名利的有无，都是短暂的。名利与智慧、能力相比较，前者为小，后者为大。

然而，现实中，有些人却往往注重前者，而忽略了后者，因小失大。事实上，一件事情的完结，其得失并不完全在于成功与失败、所得与所失上，更在于通过这件事情，总结、获取了哪些智慧和能力，得到了哪些经验教训，这样才能通过不断地总结经验，反省错误，不断完善，去获得成功。

为人须有主见　做事应知权变

　　为人循矩度，而不见精神，则登场之傀儡也；做事守章程，而不知权变，则依样之葫芦也。

【译文】

　　一个人如果只知道死守规矩行事，而不知精神实质所在，那就和戏台上的木偶没有什么两样了；做事情只知道按着既定章程去办，而不知道随机应变，那就是依葫芦画瓢，机械模仿罢了。

【评点】

　　"没有规矩，不成方圆"说的是凡事都有其内在的联系和固有的规律。人们要想实现预期的目标，就必须按其规律行事，否则就会遭到惩罚。订立规矩、章程的意义就在这里。但是，如果只知道死守章程，循规蹈矩，而不明白规矩、章程的本质意义，不领会其精神实质，那么，规矩章程就不是正确引导人们行为的准绳，而是束缚人的思想的枷锁。任何规矩章程，都是针对特定的情况而制定的，离开了相应的情况，规矩章程就失去其应有的意义；而企图将纷繁复杂世事的各种可能的情况都定一个规矩、立一个章程，则是不可能的。同时，任何规矩章程，又都是一定时间条件下的产物，离开了特定的历史条件，规矩章程同样也会失去了应有的意义。对发展变化了的事物，仍死抱旧有的规矩章程而不知权变，则注定要遭到失败。傀儡的悲剧就在于徒具外壳，而没有生命，没有精神，只能在固定的格式里摆动。依葫芦画瓢的不幸，就在于不懂精神，没有灵活性，只会人云亦云。

文章是山水化境　富贵乃烟云幻形

文章是山水化境，富贵乃烟云幻形。

【译文】

文章到了出神入化的境界，就像山水一样美妙，令人神往；富贵到头来就是虚幻的影子，就像过眼烟云一样。

【评点】

山水是实景，烟云是幻境；用山水比喻文章，烟云比喻富贵，确实看到了文章和富贵的本质。

优秀的文学作品是人类的精神食粮，是人类生生不息，不断向前的力量源泉。从这些作品中，人们能了解自己的过去，吸取经验教训，找到人生的真谛……每一部优秀的作品，都是作者心灵与自然、与社会撞击迸发出来的，臆造的文章是不会被社会认可的。小小篇幅，却正是社会生活的缩影，是高度浓缩了的历史和人生。优秀的文学作品，就如同不朽的山水，能流传千古，拨动世世代代人们的心弦。富贵再长久，也不过百年即烟消云散，可谓"富贵一生也短命"。就空间而言，文章容得下整个天地，而富贵仅立之于一隅，所以说"富贵不过钱眼大"。

细微处留心　德义中立脚

　　郭林宗为人伦之鉴，多在细微处留心；王彦方化乡里之风，是从德义中立脚。

【译文】

　　郭林宗观察伦常之理，往往在人们不易注意的细微之处留心；王彦方教化乡里的风气，总是以道德和正义为基础。

【评点】

　　"不积小善，不能成大德；不积小恶，不足以亡身。"小的东西积累起来，要么可以立大业成大德，要么足以败名亡身。人往往不重视细微之处，而许多悲剧就是因不拘小节、轻忽细行而起。"君子有大道"，但却以"慎微"为首。许多事情，往往于细微处更见精神，更能洞察一个人的思想境界。

　　"慎微"是成事树人的要津，而德义则是立身达人的纲目。强哭不感人，强怒者无威。而涵养于内心的德义，内可以正身养生，外可以教化达人。"君子欲讷于言而敏于行"，夸夸其谈，口是心非，易被人唾弃。而真正的以德义为本的"君子"，不言而威，不行而可教化乡里，正人心，醇民俗，不仅为自己赢得青史留名，也为群体、社会做出了有益的贡献。这才是值得世人敬仰、效法的。

别人不可欺　自我不可闲

天下无憨人，岂可妄行欺诈；世上皆苦人，何能独享安闲。

【译文】

天底下没有真正的傻子，又怎么能以欺诈的手段胡乱骗人呢？世上之人都在吃苦，又怎么可以自己一个人享受闲适的生活呢？

【评点】

有骗子，就不免有受骗上当的人。有受骗上当的人，就一定有骗子。这是一个问题的两面。然而骗子骗人有术，却不入聪明人行列；受骗上当的人常见，却不能视为愚蠢憨笨。真正愚蠢的人，是好行骗术的小人。那些自以为聪明的骗子，如同见不得光的老鼠，整日生活在骗术一旦败露的惶恐之中，即使骗术得逞于一时，却终有被人识破的一天，到头来只能是害人害己。

"世上皆苦人"，并不是说世界上都是受苦人，而是说世上皆有苦，有生身之苦，亦有内心之苦；有生活所累之苦，亦有追求进取之苦；有身在福中不知福之苦，亦有祸难临头、痛不欲生之苦。人人都有苦衷、苦难，家家都有一本难念的苦字经，有志者又怎么能够去追求独享安闲的生活呢？真正有志气的强者，就应有"先天下之忧而忧，后天下之乐而乐"的胸怀和气志，为"天下劳苦大众得解放"而尽自己的绵薄之力；真正有远见卓识的智者，就应该以"明人所不悟，立人所不识，启人所不智"的见地和境界，为人启迪心灵，指点迷津，使人排解心灵的烦恼，摆脱精神的痛苦。

甘受人欺非懦弱　自作聪明实糊涂

甘受人欺，定非懦弱；自谓予智，终是糊涂。

【译文】

甘愿受人欺侮的人，并不一定是懦弱之士；自认为聪明的人，终究是糊涂之辈。

【评点】

《后汉书》曰："以天下为量者，不计细耻；以四海为任者，不顾小节。"真正成大器之人，能够忍耐别人难以忍耐的孤独，能够承受别人难以承受的打击，而不露于言表。他们把与世人之间的小恩小怨，早已置之度外了。这种胸襟，是何等的开阔！韩信年少时好佩剑，一位市井少年见到韩信，说道："你好带刀剑，似勇而实怯。如是真正勇敢，那就刺死我吧。否则，就由我胯下爬出。"经过一阵思忖之后，韩信真的就从这位少年的胯下爬了过去。在世人看来，韩信的这种举动实在是软弱至极。然而，正是这个甘受胯下之辱的韩信，日后辅佐汉王刘邦平定天下，成为汉朝的开国功臣。韩信在战场上的威猛，建立的赫赫功名，恐怕是当初那个市井少年做梦也没有想到的。

智和愚是相对的，但是智与愚的外在表现，却没有什么明显的界限。喜欢耍小聪明的人，不见得能拥有多少智慧；而真正大智慧者，却往往会有被人们视为愚笨的举动。寸有所长，尺有所短，一个人不可能没有缺点。自以为聪明的人，往往过于自信，看不到自己的糊涂之处，这样，缺点永远只能留给自己，不可能得到纠正；自以为聪明的人，往往只刻意追究别人的短处，不注意观察别人之长，喜欢以己之长比人之短，然后沾沾自喜，最终误了自己。而自称愚笨的人，往往能够明察自己身上的不足，然后取人之长，补己之短，不断充实和提高自己。

功德文章传后世　人品心术鉴史官

漫夸富贵显荣，功德文章，要可传诸后世；任教声名煊赫，人品心术，不能瞒过史官。

【译文】

一个人不要只知漫天夸耀自己的富贵去显耀虚荣，而应该有可以留传给后世的功德和文章；任凭一个人的声名如何显赫，他的品格心性是无法瞒过秉笔直书的史官的。

【评点】

金玉满堂，富贵显荣，可谓荣耀一时。但是，花无百日红，这些身外之物，都会如浮云一样，随风飘散。而功德文章，不仅可彪炳史册，名垂千古，而且还能功显当代，泽被后世。"圣人立德，君子立功，其次立言。"不管是道德立世、功勋盖世，还是文章传世，都会于国有益，于民有利的，都远远胜过富贵显荣的表面繁华。魏文帝曹丕说："盖文章经国之大业，不朽之盛事。"功德文章不仅能资政治国，明理载道，而且还可以显声扬名，永垂青史。

"孔子作春秋，而乱臣贼子惧。"自古及今，中国士大夫历来看重"生前身后名"。不少贪官污吏、乱臣贼子，他们可能也一度声威煊赫、权倾朝野，但最终留下的却是千秋万载的骂名。

闭目养神　合口防祸

神传于目，而目则有胞，闭之可以养神也；祸出于口，而口则有唇，阖之可以防祸也。

【译文】

人的神情通过眼睛来传达，而眼睛有上下眼皮，闭上眼睛可以怡养精神；祸从口出，而嘴巴有上下两唇，闭上嘴巴可以防止因乱说话而惹上祸事。

【评点】

世间之事，高行善举，看多了固然能使人添善增美，而那些污行秽举看多了，却只会导人走入邪道。与其让那些不堪入目、诲淫诲盗的东西烦扰心室，还不如闭起眼睛"非礼勿视"，以蓄养正气。

伴随着滚滚向前的改革大潮，一些污泥浊水也打着"开放"的旗号随之而来，对我们的社会主义精神文明是一个极大的冲击，诱导了大量犯罪行为的发生。这不能不引起人们的极大关注。因此，在当代倡导"非礼勿视"，仍然是非常必要的。当然，这里所说的"礼"，不是封建社会的条条框框，而是指符合当今社会的精神文明、伦理道德的规范，有益于人们身心健康的公德模式。尤其是对鉴别、抵抗能力较差的青少年，更应加强教育，提高他们的思想道德素养，自觉抵制不健康社会现象的干扰。

"病从口入，祸从口出。"不恰当的言语，经常会给自己带来不必要的损失甚至祸事，因此，我们一定要管好自己的嘴。孔子曾说："毋多言，多言多败。"自古以来，因失言而嫁祸于身者，不乏其人。所以，"明者慎言，故无失言；暗者轻言，自致害灭"。

富贵难教子　寒士须读书

富家惯习骄奢，最难教子；寒士欲谋生活，还是读书。

【译文】

富贵人家习惯于骄横奢侈，最难以教导好子弟；贫寒士子要谋求生活出路，还是应该走读书这条路。

【评点】

过去常说：寒门多秀士，富室无佳儿。这话现在看来虽然过于武断，但也反映了某种社会现象。富家子弟，生活优裕，沉溺于父辈开创的优越的生活摇篮里，不愿吃苦，不能吃苦。一些富贵人家，只知盲目溺爱孩子，重物质生活的优裕，不重必要的家庭教育。殊不知，这样只会滋长儿女不良的品德和习性。当然，富贵人家并不是不能培养出杰出的子弟。只要家庭教育有方，杰出子弟是不分门第的。良好的家庭教育，离不开一个"严"字。"严成才，松有害。"这一家教的至理名言，好家长不可不采纳。

高尔基说："书，是人类进步的阶梯。"知识就是力量，知识就是财富。多读书，读好书，个人能力也就会越强，为社会所做出的贡献自然会越大，也就越容易得到相应的报偿。多少偏远山区的贫穷子弟，刻苦读书，终于走出了大山，走向了人生中一片更广阔的天地！

苟且不能振　庸俗不可医

人犯一苟字，便不能振；人犯一俗字，便不可医。

【译文】

一个人只要有了苟且的毛病，便无法振作起来了；一个人的心性只要流于俗气，便不可救药了。

【评点】

苟且是一种惰性，是一种消极无为、蹉跎人生的习性。苟且者活在生命的糟粕之中而不思进取，反认为一切均是命中注定。因此听天由命，得过且过；苟且偷安，无所事事；冬去春来，惆怅不尽；烦时牢骚满腹，闲时说三道四……这样，就愧对天地，有悔人生了。

所谓俗，是指一个人精神境界不高，甚至失去精神生活的依托。一个人过于追求物质生活上的享受，自然会在精神生活上失去很多，也就难免流于俗气。人的生活，是物质生活和精神生活的统一体。脱离物质生活，人就不能生存；离开精神生活，人就会变得百无聊赖。有的人物质生活也许不匮乏，但精神生活却极度贫乏。这种精神上的贫乏症，不是他人或是药物可以治疗的，必须由自身去反省、去补充。

立不可及之志　去不忍言之心

有不可及之志，必有不可及之功；有不忍言之心，必有不忍言之祸。

【译文】

有了一般人不可能轻易到达的志向，必定会建立一般人不可能达到的功业；有了不忍心指出错误的想法，就一定会有因不忍心指出错误而带来的祸患。

【评点】

俗话说："石看纹理山看脉，人看志气树看材。"一个人如果没有志气，就不会奋发向上，也必定成不了大事。苏轼在《晁错论》中曾说："古之成大事者，不惟有超世之才，亦有坚韧不拔之志。"可见，立志是成事的先决条件。

志有高下之分，不同的人有不同的志向。就像是登山一样，有的人发誓要登上最高的山，有的人却只想攀上对面那个小小的山坡。不同的志向，带来的是不同的结果。登高山固然辛苦，但一步一步坚实地往上登，终有登顶的时候，而那种"一览众山小"的境界，又岂是攀上对面的小山坡能够领略到的？

商朝末年，太师箕子一次见商纣王用象牙做的筷子，他认为这有滑向奢侈淫逸的危险，想去劝谏，可又怕招来杀身之祸。结果，纣王在骄奢的道路上越走越远。不久，纣王兵败国灭，箕子只能是悔之晚矣。治国如此，做人亦然。一个人沾染了某种不良习气，不思悔改，其他恶习也会随之引发，导致恶性循环。因此，人对于自己的缺点、错误，万不可"隐忍不言"，而要不断战胜自我、完善自我、升华自我、拓展自我。

事当难处退一步　功到将成莫放松

事当难处之时，只让退一步，便容易处矣；功到将成之候，若放松一着，便不能成矣。

【译文】

事情到了难以处理的时候，只要能够退让一步，就会变得容易处理了；事情到了马上就要成功的时候，如果稍微有点放松，就不能成功了。

【评点】

事之有成，非一途径。事情难以处理的时候，却钻牛角尖，认死理，固执己见，只能是事倍功半。这时，退让一步，往往是海阔天空，也许就会很快找到解决事情的合理办法。退让一步，不是知难而退，不去成事；而是另辟蹊径，再求他法，更好地做事。一条死胡同走到黑，只能把自己撞得鼻青脸肿，能及时退出来，也许就能找到正确的道路。处理事情，也是如此。

人们常言：行百里者半九十。为何功到将成之时，放松一着，就会导致功不能成呢？盖因功到将成之时，人之心力已惫，以为大势已定，功将既成，便生懈怠之心，麻痹松劲，以致功败垂成。故有志者举事，必是一鼓作气，进行到底。再者，功到将成之时，往往亦是最为困难之际。心志不坚者，容易心生怯意，畏难而退，而与成功失之交臂，功亏一篑。做事犹如登山，山脚路好走，山腰路易攀；及至顶峰，则崎岖坎坷，艰难异常。越是接近顶点，越是困苦倍加。因此，必得有十分努力和百倍信心，才能登上顶峰，取得成功。

无学为贫　无耻为贱

　　无财非贫，无学乃为贫；无位非贱，无耻乃为贱；无年非夭，无述乃为夭；无子非孤，无德乃为孤。

【译文】

　　没有钱财不能算贫穷，没有学问才是贫穷；没有地位不能算卑贱，没有廉耻之心才是卑贱；寿命不长不能算短命，一生没有一件值得记载的事才算是短命；没有子女不能算孤独，没有德行才能说是孤独。

【评点】

　　明朝黄姬水编纂的《贫士传》有一篇是《披裘公》。说的是春秋时代的一位穷苦百姓，夏天五月，还是披着件破羊皮，靠打柴度日。一天，他背着柴草过路。路上有别人遗失的金钱，他看也不看就过去了，并且对喊他快拾"遗金"的人提出了严肃批评。这位披裘公，人穷志不穷，没有财产，但他的精神却很富有。

　　人是否有价值，人格是否高尚，并不在于其出身门第、权力大小。荣誉、名望是群体或社会对自己尊严的一种认可方式，人希望自己能得到应有的社会地位、荣誉、名望，这本无可非议，但如果以不道德的手段去实现，即使侥幸成功，卑鄙的道德形象也使其丧失人格尊严。

　　臧克家有诗云："有的人活着，他已经死了。有的人死了，他还活着。"颜渊寿命不长，却因为德行彰著，至今尤为人称道；刘胡兰年仅十五岁，她为革命付出了自己年轻的生命，"生的伟大，死的光荣"，永远活在了人民心中……

189

知过能改圣人徒　恶恶太严君子病

知过能改，便是圣人之徒；恶恶太严，终为君子之病。

【译文】

能知道自己的过错而加以改正，那么便是圣人的弟子；攻击恶人太过严厉，终会成为君子的过失。

【评点】

"人孰无过，过而能改，善莫大焉。"人都会有过失，只要能认识自己的过失，认真改正，就是有道德的表现。

知过能改，首先要知过，关键是能改。"一日三省吾身"，无疑是知过的有效方法和途径。知过还应"闻过则喜"、"从谏如流"。对自身的检视，少不了要吸取他人的正确意见。要知道，"良药苦口利于病，忠言逆耳利于行"。知过能改，关键是能改。发现了自己的过错，就要拉下面子、放下架子，承认自己的过失，诚心诚意改正。能改需要勇气，还需要毅力。有些生活中养成的不良习性，积习已久，可能一下子改不了，就要持之以恒，慢慢地纠正过来。

"攻人之恶，毋太严，要思其堪受；教人以善，毋过高，当使其可从。"惩治恶人也要适度，不可太过严厉，当以促其改过弃恶为目的。既要对不该发生的恶行加以制裁、禁止，对作恶者施加压力，迫使其中止恶行；又要给还不是万恶不赦的人一条自新之路，积极引导，让其弃恶从善，改过自新。

诗书为性命　孝悌立根基

士必以诗书为性命，人须从孝悌立根基。

【译文】

读书人必须把诗书作为自己安身处世的根本，做人必须从孝顺友爱上建立基础。

【评点】

一个人卓然独立于世上，都有自己做人的信条。作为读书人，安身处世的信条应该是什么？只能是诗书。这里说的诗书，其实也就是诗书中所含的道德、义理的代名词。如果熟读诗书，满口仁义道德，但在实际行为中却是一肚子男盗女娼，那就根本不能算是一个真正的读书人，而不过是一个伪君子罢了。真正的君子，应该坚守道义，道义所在，虽万死而不辞也。真正的以诗书为性命，还必须把书本知识运用于实践、服务于实践、指导实践。读书不行事，是为白读，纵满腹经纶亦与白痴无二。读书是一回事，做事又是另一个样子，此小人之读书也。

"人须从孝悌立根基"，意指孝悌是做人根本，不孝不悌便不是人了。对各种人的仁爱，都是由孝悌这种父子兄弟之爱推衍出来的，所以孔子的弟子有若说："君子务本，本立而道生。孝悌也者，其为人之本与。"所谓孝，就是"顺事父母"，所谓悌，就是"友于兄弟"。能顺事父母，则为人必重恩而不背信，不致违法乱纪；能友于兄弟，则为人必重义而不忘本，易于相处。在家连父母都不能孝顺，忘恩背德，又谈何有益社会、报效祖国？在家连兄弟都不友爱，失义忘本，在外又怎么能与人善处？故孝悌于人十分重要。做人由最基本的孝悌做起，自然能逐渐推广到"老吾老以及人之老，幼吾幼以及人之幼"的境界。

得意莫自矜　为善须自信

德泽太薄，家有好事，未必是好事，得意者何可自矜；天道最公，人能苦心，断不负苦心，为善者须当自信。

【译文】

如果品德不高尚，恩泽太浅薄，家中即使有好事降临，也未必真正是好事，因此，一时得意的人又怎么可以自高自大呢？天道是最公平的，一个人能够刻苦用心，上天就一定不会辜负这片苦心，所以，做善事的人一定要充满自信。

【评点】

好事坏事是相对而言的，所持标准不同，则事之好坏又有所别。故凡事都当察其成因，审其终果，观其所变，以坦然之心待之，不可喜之过望，也不必悲之过甚。一个有自知之明的人，在遇到突如其来的好运时，往往会自问，到底自己何德何能居之？如果找不出理由，则不免惶恐不安，因为是福是祸尚且不明，哪里还敢以此自矜呢？

天道最公。天道也即人道、民道。天道，也就代表了悠悠众口，也就代表了万民之心。而万民之心，则皆在一个"理"字。故善有善报，恶有恶果，并非是佛家的说法，而是天理使然，民意使然。所以，那些做善事却担心不为人理解的人，要心胸宽广，相信自己，相信悠悠万民心，群众的眼睛是雪亮的，你做了好事，自然也会得到大家的尊重与拥护。

自大便不能长进　自卑则不能振兴

把自己太看高了，便不能长进；把自己太看低了，便不能振兴。

【译文】

把自己看得太高了，就很难有所长进；把自己看得太低了，就不能够振作兴起。

【评点】

荀子曾说："骐骥一跃，不能十步；驽马十驾，功在不舍。"即便你是千里马"骐骥"，仅仅"一跃"，也达不到十步之遥；就算你是不起眼的"驽马"，如能加倍努力，正确地看待自己，也能行走很远很远的路。这也就是说，人应该在一种不卑不亢的心境中求进步。而现实生活中，有这样两种人：一种是自认为高明而无人可比，把什么事情都看得简简单单，往往浅尝辄止，难成一事；还有一种是自认为自己什么都不行，自暴自弃，自怨自艾，总是缺乏自信心，萎靡不振。其实，这两种人，都应该以荀子的这句话作为镜鉴。没有登不上的高山，没有下不去的深谷。把自己看得过高，就不会挑战更高的险峰，也就无法领略更高处的精彩；把自己看得过低，便会失去振作的信心，只能望着高峰兴叹，而失去前进的勇气，就永远不能攀上人生的巅峰。只有眼光既向上看，又向下看，我们才能正确地评价自己，才会永远有前进的动力，才会在追求中日臻成熟。

有为之士不轻为　好事之人非晓事

古今有为之士，皆不轻为之士；乡党好事之人，必非晓事之人。

【译文】

古往今来有所作为的人，都不是轻率行事的人；乡邻那些喜欢生事的人，必定不是通晓事理的人。

【评点】

有为之士不轻为。他们做事往往从大处着眼，而不在小事、琐事上纠缠。这是因为，事有大小轻重，世事之多不可胜数，而人的精力有限。如果在一些小事、琐事上无谓地耗费精力，又哪里还有精力去考虑大的问题？如果事事躬行，那就只能累心累身；纲举目张，提纲挈领，才是一个成功的领导者的风范。

当然，对于不同的人来说，大事与小事的概念也是不同的。执政为官，他的大事是为国为民；而对于常人来说，做好自己的本职工作，为社会做出自己应有的贡献，就是大事。做大事而不做小事，是指不做无意义的琐碎小事，并不是凡小事皆不做。

为何"非晓事之人"，又倒是"好事之人"呢？好事之徒不明事理、不懂真理、目光短浅、胸无大志、无知浅薄。明晰事理，是一个十分艰苦复杂的过程。

不因噎废食　莫讳疾忌医

偶缘为善受累，遂无意为善，是因噎废食也；明识有过当规，却讳言有过，是讳疾忌医也。

【译文】

偶尔因为做了善事而受到拖累，就不再有做善事的想法了，这是因噎废食的做法；明明知道自己有了过错应该改正，却忌讳谈及自己的过错，这和讳疾忌医没什么两样。

【评点】

"积土成山，风雨兴焉；积水成渊，蛟龙生焉；积善成德，而神明自得，圣心备焉。"高尚的道德品质，理想的人格，不是一夜之间就能养成的。它需要一个长期的积善过程。只有从小事做起，从平凡的生活中乐行善事，才能体现非凡；只有不弃小善，才能积成大善；只有能积众善，才能有高尚的品德。

然而，有时为善会影响到自身利益，有时为善会伤及自身，有时为善会遭恶人攻击。此时，切不可因噎废食，中止行善。为善之初，我们就应当明白，为善本无所求。为善只为让别人过得愉快，所以应当摆脱私欲而不思报答。

"讳疾忌医"，古已有之。战国时代的齐桓公，神医扁鹊三番五次指出他有疾在身，病势加剧，他却理都不理，把神医的忠告当"耳边风"，结果病入膏肓，无药可救，一命呜呼。人的过失和缺点也和疾病一样，如有过失而拒绝批评，任它存在，任它发展，那也会由小过而铸成大错，使自己陷入泥潭不可自拔，甚至最终导致身败名裂。

结交沥胆披肝之士　不交焦头烂额之人

宾入幕中，皆沥胆披肝之士；客登座上，无焦头烂额之人。

【译文】

凡是能够延入府中商议事情的朋友，都应该是能够相互信任、竭诚尽忠的人；凡是作为知己引为上座的人，一定不是一个言行有缺失的人。

【评点】

唐代诗人孟郊有一首《审交诗》："种树须择地，恶土变木根。结交若失人，中道生谤言。君子芳杜酒，春浓寒更繁。小人槿花放，朝在夕不存。唯当金石友，可与贤达伦。"大意是说，选择朋友，要像种树要选择一块好地一样。如果与不可交之人结交，合作到了中途，就会出现诽谤。君子之间的交往，恰如那陈年佳酿，天气越冷，饮之愈觉香醇；与小人结交就如同槿花绽放，早上才开，晚上就谢了。只有与那些可以肝胆相照、荣辱与共的人结下稳固的交情和友谊，才能互相砥砺，追求贤达的境界。

由此可见，交友之道，不可不察。俗话说："浇花浇根，交人交心；物以类聚，人以群分。"只有心息相通，志趣相投，不以利害相趋避，不以宠辱相亲弃，可以同甘苦、共患难，相濡以沫之人，方可引以为知己高朋，寄之以义，托之以命，生死与共，不弃不离。

尽力可种田　凝神好读书

地无余利，人无余力，是种田两句要言；心不外驰，气不外浮，是读书两句真诀。

【译文】

土地要充分发挥其效益，不可浪费，人要竭尽全力，不可偷懒，这是种田人要遵守的两句话；心神要专一而不是旁骛外驰，心气要集中而不是分散虚浮，这是读书人要谨记的两句诀窍。

【评点】

孔子曰："饱食终日，无所用心，难矣哉！不有博弈者乎？为之，犹贤乎已。"就是说，一个人整天吃饱了饭，却什么事也不做，是不行的。不是有下棋对局的游戏吗？就是以此娱乐来动动脑筋，也比什么也不做要好些。

生命本是一块田园，是五谷丰登还是杂草丛生，有赖于耕耘者投入的多少。勤则可尽地力，地尽其力则物可生，人尽其力则事可就；惰则杂草丛生，五谷无以立足之处，成功无以可凭之据，耗费光阴，待皓首白发之时，则悔之晚矣。

好高不能骛远，潜心方能融通。读书做学问，只在一个"专"字。专则敬，专则笃，专则能沉住气、守住心。不心猿意马，不三心二意，坚持走下去、做下去，才能有抵达理想彼岸的一天。古人有"宁静以致远"的说法，就是说的这个道理。

造就人才育子弟 暴殄天物祸儿孙

成就人才，即是栽培子弟；暴殄天物，自应折磨儿孙。

【译文】

所谓造就人才，就是培植自己的子弟有所成就；不知爱惜事物而任意浪费，自然会使儿孙遭受磨难。

【评点】

中国古代有着学术技艺"传子不传女、传内不传外"的保守思想，使得许多学问技艺因此而失传。中国历来不缺乏天赋异秉的人，但却因为每个人的探索几乎都是重新起步，而不是站在巨人的肩膀上继续攀登，结果中国封建社会两千多年的科技发展和文明进步也就在原地兜圈或者缓慢地前进，这不能不说是一种遗憾。其实，如果能将此处的"栽培子弟"换成"栽培弟子"，那中国的学术和科技发展也就可能是另一番气象。两千多年前，孔夫子就创立了广招弟子、聚众传学的教育方法，确立了"有教无类"的教育思想，但他的这一好的教育方法却不但没有得到延续，反而走向了保守，不能不说是一种悲哀。

暴殄天物、挥霍浪费的人，必然是不思求取、懒于经营的。坐吃山空，而不思创造积攒，金山银山也会被挥霍一空，岂能给儿孙留下什么财物？再者，儿孙耳濡目染，承其恶行，即使再富裕的家庭，又岂能经得住代代儿孙糟蹋？所以说"暴殄天物，自应折磨儿孙"。

平情应物　藏器待时

　　和气迎人，平情应物；抗心希古，藏器待时。

【译文】

　　以和蔼的态度对待他人，以平常的心态应对事情；以古代贤人的高尚心志相期许，谨守住自己的才能以等待发挥的时机。

【评点】

　　以和蔼的态度与人交往，以平常的心情去应对世间万物，必然事事遂顺，家兴业兴。《论语》中也说："礼之用，和为贵。"能以平和的心态去面对万事万物，我们才能体察到事物的本来面目而不抱偏见；才能保持正常的判断力而不为物欲所障目窒心。心和则气平，气平则胸宽，胸宽则自谦，谦恭则能处众。交往之道，只在一个"和"字上。

　　孔子说："取法乎上，仅得其中；取法乎中，仅得其下。"做学问、为人为事都存在着目标大小，追求远近的问题。我们要有自我支持和自我嘉许的自信心和英雄气。坚定的信念和远大的理想是实现自我人生价值的催化剂。当然，成功不能冒险躁进，而要等待适当的时机，因势利导，见机行事。没有机会的时候，就要韬光养晦，藏器待时。这时，忍耐便成为机遇与成功的代名词。如果你是一枝春花，却偏要在冰天雪地的寒冬开放，那等待你的，只能是凋谢；耐得住寂寞，等待时机，不远的将来，就是百花齐放的春天。

板凳要坐十年冷　光阴不可一日闲

矮板凳，且坐着；好光阴，莫错过。

【译文】

要想学业有成，这小小的板凳，就还要耐心地坐下去；大好光阴转瞬即逝，千万不要错过好时机。

【评点】

俗说有云："板凳要坐十年冷。"又云："十年寒窗无人问，一举成名天下知。"读书做学问，乃至成就事业，要想有所成就，就要耐得住寂寞，要有坚忍不拔的毅力、坚持不懈的恒心，去面对艰辛而漫长的求学和创业之路。想一蹴而就，耐不住寂寞，又怎么可能成功呢？只有那些长时间真正下苦功的人，才会得到收获与回报。

"韶华似流水，逝者如斯夫？"一个人的生命是有限的，我们应该如何度过自己有限的一生呢？雷锋曾说过："人的生命是有限的，但为人民服务是无限的。我要把有限的生命，投入到无限的为人民服务之中去。"《钢铁是怎样炼成的》里面的保尔·柯察金也说过："人生最宝贵的东西是生命。生命属于我们只有一次。人的一生应当这样来度过：当他回首往事的时候，不因虚度年华而悔恨，也不因碌碌无为而羞愧。"要想成就一番大事业，要想成为有益于人民、有益于社会、有益于国家的人才，我们就必须抓紧时间，坚持不懈，努力奋进。

失良心禽兽不远　舍正路常行荆棘

　　天地生人，都有一个良心。苟丧此良心，则其去禽兽不远矣。圣贤教人，总是一条正路。若舍此正路，则常行荆棘之中。

【译文】

　　天地造化生人，人人都有一颗良心。如果丧失了这颗良心，那就离禽兽不远了。圣贤教化世人，总是指引其走一条正直的大道。如果舍弃这条正道，那么就往往会误入荆棘丛生的歧途。

【评点】

　　孟子曰："人之所以异于禽兽者，几希。庶民去之，君子存之。"那个"庶民去之，君子存之"，使人与禽兽相异的东西，就是我们称之为"良心"的人性。人之有别于禽兽者，就是因为人有是非观、善恶观，也即古人所讲的恻隐之心、羞恶之心、恭敬之心、是非之心和不忍之心。孟子又说："人之所不学而能者，其良能也；所不虑而知者，其良知也。"其实，上述所说的"五心"，也就是人性的基本良能与良知。这些因素相交织，从而成为我们内心的善性，便是良心。

　　为人处世，要找到正确的前进道路。沿着正道走，那就自然有光明的前景；误入歪门邪道，那只能走向堕落、毁灭。

务本业者境常安　当大任者心良苦

世之言乐者，但曰读书乐，田家乐。可知务本业者，其境常安。古之言忧者，必曰天下忧，廊庙忧。可知当大任者，其心良苦。

【译文】

世人说起快乐的事，都只说读书的乐趣、田家耕耘的乐趣。由此可知，专心从事本职工作的人，他们的心境往往是安宁快乐的。古代贤人说起忧愁的事，必定都是为天下百姓担忧，为朝廷大事担忧。由此可知，能真正担当大任的人，他们用心良苦。

【评点】

在中国农村，有一些保存完好的古住宅，可以看到"耕读传家"的四字匾额。这四个字有着较深刻的内涵，读书可以知诗书，达礼义，修身养性，以立高德；而耕田可以事稼穑，丰五谷，养家糊口，以立性命。所以，耕读传家既学做人，又学谋生，把书本知识与生产劳动相结合，不失为一种好的教育方式。

读书求知，耕田持家，虽说不失为一种赏心乐事的百姓生活，然而与念及苍生、胸怀君国的大业来比，确有高下之分野。可见，常人之乐固易得，而圣贤之忧实难去。古今仁人君子，胸怀四海，心忧天下，忧百姓之疾苦，忧君国之安危。"居庙堂之高，则忧其民；处江湖之远，则忧其君。是进亦忧，退亦忧。然则何时而乐耶？其必曰：先天下之忧而忧，后天下之乐而乐欤！"

求死之人天难救　降祸之天人能免

天虽好生，亦难救求死之人；人能造福，即可邀悔祸之天。

【译文】

上天虽有好生之德，但也难以挽救一心求死的人；一个人如果能造福他人，就可以向上天邀功，避免灾祸发生。

【评点】

生命是可贵的，然而却总有人因遭受挫折而厌世轻生，令人为之扼腕叹息。"哀莫大于心死"，心去人难留。上天虽然有好生之德，却也无法救治那些心死之人。这种人不是直面生死的勇士，而是在挫折面前轻易投降的懦夫。真正的勇士，能直面人生，直面生死，直面血与火，直面泪与笑，直面成功与失败，直面顺境与挫折。"人固有一死，或重于泰山，或轻于鸿毛。"能够真正看到生命的价值，看到死与死的不同，才会明白轻生的可怜、愚昧。

古人讲：人生的福祸在天道。其实，这天道就是人心的善根。人要得福避祸，就要反观自我，反省本心。福祸在人，而不在天。

薄族薄师绝非佳子弟　恃力恃势必遇大对头

薄族者，必无好儿孙；薄师者，必无佳子弟，君所见亦多矣。恃力者，忽逢真敌手；恃势者，忽逢大对头，人所料不及也。

【译文】

刻薄地对待亲族的人，必定不会有品行出众的儿孙；刻薄地对待师长的人，必定也教不出好的子弟，人们看到这样的情形已经太多了。倚仗力量欺人的人，也许会突然遇到真正可以与之抗衡的对手；倚仗权势欺人的人，也许会突然碰到势力更大的对头，这些都是这些人开始难以预料到的。

【评点】

古人云："其身正，不令则行；其身不正，虽令不从。"要教育好别人，必须能够严于律己，身体力行，做出好榜样，因为身教重于言教。不论是对族人，对师长，还是对其他人刻薄，必会被儿孙、子弟所效仿。这样不仅殃及子孙后代，甚至会祸及自身，同样被人所"薄"。

以力欺人的人，终有一天会碰到力量比他更大的人，这时就该他倒霉了。凭仗权势压榨他人的人，也总有一天遭到权势更大的人欺负。从古迄今，凡是"仗势欺人"的人，往往最终栽在来头更大的对头手上，正如人们常说的"螳螂捕蝉，黄雀在后"一样。

为学不外静敬　教人先去骄惰

为学不外静敬二字，教人先去骄惰二字。

【译文】

做学问的要诀不外乎静心和诚敬两点，教导他人要先去掉骄横、懒惰两种毛病。

【评点】

治学之道，贵在慎笃。能守静，才能坚定不移；能奉敬，才能诚心笃行。《大学》中说："知止而后有定，定而后能静，静而后能安，安而后能虑，虑而后能得。"在古人看来，从"有定"到"能得"的过程中，定、静、安、虑、得是为学求知者应具备的起码素质，也可以说是治学的五个阶段。用现在的话来说，就是要定得住神，静得下心，能甘于寂寞，能用心思考，才能学有所成。至于"敬"字，实乃意诚之谓也。曾子在《大学》中提出了"格物、致知、诚意、正心、修身、齐家、治国、平天下"这八个纲目，作为实现"明明德、亲民、止于至善"的途径和阶段性目标。在这个序列里，我们可以发现，诚意、正心，是修身、齐家、治国、平天下这些实践目标的基础，是联系"格物、致知"的理论思索与后面的实践目标的纽带。因此，能够沉得下心，有严谨的态度和谦逊的精神，是治学，并能将所学运用于实践的关键。

205

对知己而无惭　求读书而有用

人得一知己，须对知己而无惭；士既多读书，必求读书而有用。

【译文】

人生得一知己，就一定要使自己的言行面对知己而无惭愧之处；读书人既然读了很多书，就一定要力求做到读书有用于世。

【评点】

人生难得一知己。真正的知己，在于彼此间的心灵相通，命运相维。像那花树枝条的互相攀扶，这样才是贴心的知己。人生能得一知己是幸运的，而如果得到了知己好友，却不知珍惜，做出了内心有愧的事，那也就如同荆棘利刺的针锋相对一样，只能伤了知己之心，再好的朋友，也会产生罅隙。

学以致用。一个人不能为了读书而读书。那种号称"学富五车""才高八斗"的学者，一接触实践，却什么也不会干，什么也干不了。那么，读书究竟是为了什么呢？毛泽东说得简单明了："读书的目的，全在于应用。"实际上，读书脱离实践，不注重应用，是不可能真正掌握知识的。

直道教人　诚心待人

以直道教人，人即不从，而自反无愧，切勿曲以求容也；以诚心待人，人或不谅，而历久自明，不必急于求白也。

【译文】

以正直的道理去教导他人，即使他人不听从，至少自我反省时也会问心无愧，千万不要曲意迁就以求得他人的宽容；以真诚的心意对待他人，他人或许有时不会理解，但时间久了自然会明白，不要急着去图求表白。

【评点】

人应该以正直的道理去教导人，因为正直的道理最能使人净化心灵、升华境界。我们应该在他人迷茫时指点迷津，在他人消沉时催人奋发向上，在他人艰难困苦时给其以战胜困难的力量。然而，由于人们思想境界、认识水平、心理素质的差别和现实种种不同的情境，人们接受正直道理的情况也不一样。那么，对于那些不接受正直道理的人应取什么态度呢？强制他人接受不可能；委曲求全以获得他人的宽容，更不可取。只要自己问心无愧，就万万不能曲以求容。因为这不是显示了你的大度，而是让正直的道理低头。损害正直的道理，去求得愚昧、乖僻、偏执、狭隘的宽容，就等于扼杀了真理，葬送了正义。

人应该诚实相待。然而，诚心不是一目了然的。当诚心不为人理

207

解、接受，甚至引起误会时，怎么办呢？怨恨是不对的，真正对他人竭诚相待的人，是不会怨恨他人的。急于辩白也不妥，有时越是急于辩白，越会被人认为你的诚心可疑。这时，我们要谨记："路遥知马力，日久见人心。"

粗粝能甘　纷华不染

粗粝能甘，必是有为之士；纷华不染，方称杰出之人。

【译文】

不厌粗服劣食，甘于吃苦，就一定能成为大有作为的人；对声色荣华不沾染，才能够称得上是杰出的人。

【评点】

不厌粗服的人，往往是不图虚表、质朴为怀的人；不弃劣食的人，往往是不贪口欲、不图利禄的人；甘愿吃苦的人，必定是有作为的人。一个人要想在事业上有所成就，就必须甘于不弃粗粝而吃苦耐劳。一个人如果不能吃苦、不愿吃苦，即便天赋再高，机遇再好，条件再优越，也终将碌碌无为，一事无成。

一个杰出的人才，他首先必须善于控制自己的行为：在功名、美色面前不动心，而一心想着做些利国利民的事。一个人如果在声色犬马前面，不能约束和控制自己，就会眼花缭乱，心生邪念，走向堕落。一个人要成为杰出之人很难，但要走向邪路，成为一个被人唾弃的人，却是很容易的。因此，我们要有高远的境界、敏锐的鉴别力和坚定的信念、非凡的意志力，在任何时候、任何情况下都铅华不染，才能称之为杰出之人。

性情执拗不可谋事　机趣流通始可言文

性情执拗之人，不可与谋事也；机趣流通之士，始可与言文也。

【译文】

性情十分固执和乖戾的人，不可以与他一起谋划事情。天性敏捷活泼具有情趣的人，才可以与之谈论文学之道。

【评点】

性情执拗的人，只知道依着自己的性子行事，既不能弄清事情的机要所在，也不能明白自己的偏执武断。这种人可以得意于一时一事，但最终注定要失败。因此，不可与这种人谋事，否则，你终将会因这种人的偏执武断而使大好事业毁于一旦。同时，这种人也不可能与你真正建立良好的合作关系。因此，要谋大事，就一定要找准伙伴，要与那些志同道合，能互相砥砺、互相牵引、互相启发的同道一起谋事。

真正的文学作品，是天性的流露，是人的心灵的流露，因此唯有保持纯真天性的人，才堪称手中无诗而心中有诗的真人，方可以与之情理交融，谈文论理。

不必世事件件皆能　愿与古人心心相印

不必于世事件件皆能，惟求与古人心心相印。

【译文】

不一定要对人世间的每件事情都能掌握，只求与古代圣贤的思想完全相通。

【评点】

"吾生也有涯，而知无涯。"人的生命是有限的，而知与能却是无涯无际的。善鼓者未必善瑟，操琴者未必会操管，想对世事万物都了然于心，企图贯通古今、无所不能，只是一种空想而已。俗话说，精一技足以立身。只要能在自己的专业、技艺上日益精进，做好自己分内的事情，就一定能方便他人，造福众生，成为有益于社会的人。

自己在某一个领域、某一方面确有过人之处，也不必因此沾沾自喜，傲物骄人。因为无论做学问，建术业，立功名，都必须从学习做人开始。"本立而道生"，端正本身，以高尚的道德约束、矫正自己，才能使自己的专长充分地发挥。

毋抱惭于衾影　期收效于桑榆

夙夜所为，得毋抱惭于衾影；光阴已逝，尚期收效于桑榆。

【译文】

每天从早到晚的所作所为，应该是独处时想来也没有抱愧于心的行为；时光已经流逝，还是要有所作为，希望能在晚年有所成就。

【评点】

人都希望自己的一生，能够画上一个完满的句号。这个完满的句号，不是官居极品、腰缠万贯，而是"衾影无愧怍，霞光满桑榆"。

"衾影无愧怍"，就是每天从早至晚的所作所为，没有一件是暗中想来有愧于心的。对外在而言，无愧于天地，无愧于先辈，无愧于师长，无愧于后人，无愧于国家，无愧于人民……对内而言，就是无愧于心。

李商隐诗云："夕阳无限好，只是近黄昏。"叶剑英元帅借旧诗意唱出了时代的新音："老夫喜作黄昏颂，满目青山夕照明。"一个人到了桑榆晚景之时，仍要有所作为，也仍然可以有所作为。老年人也许精力、体力不如年轻小伙子，但老年人的人生经验，老年人几十年积累的学识却是年轻人不能比的。如果能充分利用自己的人生经验和学识见闻，"老骥伏枥，志在千里"，那么，自然会有"夕阳无限好"的人生美景。

创业维艰贻后世　克勤克俭对先人

念祖考创家基，不知栉风沐雨，受多少苦辛，才能足食足衣，以贻后世；为子孙计长久，除却读书耕田，恐别无生活，总期克勤克俭，毋负先人。

【译文】

回想祖先创立家业，不知道经历过多少风雨，经受了多少辛苦，才能留下一份丰衣足食的家业给子孙后代；为子孙谋划长久发展之计，除了读书和种田，恐怕没有别的生活选择，总期望他们能够勤劳俭朴，不要辜负了先人的一片苦心。

【评点】

在漫长的社会发展中，我们勤劳、质朴的祖先用智慧和汗水，经过不知多少代人的努力，才创造出了中华民族五千年光辉灿烂的历史和伟大成就！我们的祖先在创造了辉煌的历史成就的同时，也铸造了我们民族精神的丰碑。勤劳勇敢、艰苦奋斗、自强不息、质朴善良等，都成为我们民族发展的原动力。现在时代虽然变了，但我们几千年的民族精神不能丢，勤劳俭朴的传统不能丢，艰苦奋斗的动力不能丢。那些借口时代变了，而无视祖宗的基业，忘记先贤的教诲，不思进取，追求享乐者，应该感到羞愧。"生于忧患，死于安乐"，只有把勤劳节俭，艰苦奋斗的优良传统发扬光大，把发奋进取、开拓创新视为不断发展的源泉，才能高扬民族精神，再铸历史辉煌。

213

作里中不可少之人　使身后有可传之事

但作里中不可少之人，便为于世有济；必使身后有可传之
事，方为此生不虚。

【译文】

只要能够成为乡邻中不可缺少的人物，就是对世人有所帮助；一
定要做到死后还有可传颂的事迹，才算是不虚此生。

【评点】

人人都想有一番大的作为，能成就丰功伟绩。然而，能治国安
邦、匡扶天下的人，只能说是寥若晨星。大多数人只能是平平淡淡，
不显山露水地度过一生。那么，生活在平淡无奇的境地，是不是就可
以无所追求？就可以任意妄为？当然不行，平凡并不可惧可悲。重要
的是，要在平凡的天地中尽力多做益事，多做善事。如果每个人都能
从身边做起，从小善做起，都有造福一方的想法和行动，那么，我们
的社会就会是一个充满希望的社会，一个和谐团结的社会，一个能持
续发展的社会。

齐家先修身　读书在明理

齐家先修身，言行不可不慎；读书在明理，识见不可不高。

【译文】

治理家事首先要做好自我修养功夫，一言一行都不能不谨慎；读书的目的在于明辨事理，认识和见解不能不高远深刻。

【评点】

"正人须先正己。"如果连自己都约束和管理不好，又如何能够谈得上治家呢？连一个家庭都不能管好，又如何能够去管理好自己的事业呢？又如何治理国家、治理社会呢？在现实生活中，常常有这样的现象：同样一件事，同样一番道理，某些作风正、有威信的领导去做，就能取信于人，让人心悦诚服，很快就有成效；某些作风不正、没有威信的领导去做，说了无人听，抓了无人动，什么也办不成。这就说明，身正则言理通，效应好，成效大；身不正则言不顺，理不达，事不成。

读书可改变气质，增长智慧，增强自己为人处世的能力。然而，有些人却是抱着"书中自有黄金屋，书中自有颜如玉"的想法读书，如此读书，只能说是亵渎了书，玷污了书。

215

积善有余庆　多藏必厚亡

桃实之肉暴于外，不自吝惜，人得取而食之；食之而种其核，犹饶生气焉，此可见积善者有余庆也。栗实之肉秘于内，深自防护，人乃剖而食之；食之而弃其壳，绝无生理矣，此可知多藏者必厚亡也。

【译文】

桃子的果肉暴露在外面，丝毫没有隐藏，人人都能将其取来食用；吃完后就将果核种入土中，还能生根发芽，生生不息，由此可见，做善事的人，必定会有遗泽留给后代。栗子的果肉隐藏在壳内，自己紧紧地加以保护，人们只好剖开果壳来食用它；吃完后就将果壳丢弃，再也没有生根发芽的可能，由此可知，只知收藏，不知付出者，必定会自取灭亡。

【评点】

桃子把自己最美好的部分奉献出来，供人们享用，因此，桃树也得到了人们的喜爱，种遍房前屋后，让"桃李满天下"，并细心为它施肥浇水，修枝剪叶。栗子用一层坚实的外壳把果肉隐藏起来，生怕与别人分享，结果却只能被别人砸开硬壳，故栗树也只能生长在荒山野岭，自生自灭。以水果喻人，一个人能够对他人、对大众、对社会无私奉献，社会也就会对他予以回报。广植善根，必结善果。而一个人只知厚藏薄敛，巧取豪夺，那不过是"贪夫徇财"，终化土灰；生前纵算家财万贯，死后也是空空如也，为人不齿。一个人如果过于追求生活享受，只顾丰家裕室，是不会长久的；而不以个人享受为追求目标，利泽施于人者，声名永葆，为人敬仰。

求备以修身　知足以处境

求备之心，可用之以修身，不可用之以接物。知足之心，可用之以处境，不可用之以读书。

【译文】

求全责备的想法，可以用于自我修养，不可以用之于待人接物上。容易满足的心态，可以用于适应环境，不可以用之于读书求知上。

【评点】

不求最好，只求更好，追求完备是一种普遍心理和一种更高层次的境界。但是要求完备，也要根据事物的性质而定。同一事物，都有它不同的两个方面。就像种花，如果种的是兰花，当然要求它长得愈美愈佳；若是罂粟，又岂能要求它长得太好呢？人对物质的追求，是永远也不会满足的。俗话说："世上最不足的，是人心。"许多人为了求得寸心自足，千方百计去钻营，可谓绞尽脑汁，丧尽天良。谁知算来算去，仍是在算自己。但一个人的自我修养却是无止境的，是需要追求完备的。一个人在物质上追求完备，足以使人走向深渊、走向崩溃；而一个人在精神追求上、自我修养上追求完备，则会攀上人生高峰，对人类做出大的贡献。

有守足重　立言可传

有守虽无所展布，而其节不挠，故与有猷有为而并重；立言即未经起行，而于人有益，故与立功立德而并传。

【译文】

具有良好操守的人，即使没有什么发展的机会，然而他的志节不屈，仍然与有道德、有作为的人一样被人看重；创立学说即使没有通过行动来加以表现，然而他的学说于人有益，所以与建立功勋、树立功德一样是值得传颂的。

【评点】

建立功德和成就事业，是人生的至高追求。同样，守义持节也是人生价值的体现。事业辉煌，功德无量，但通过著书立说、宣扬道理，用其思想来影响和塑造新人，同样可以看作是不朽的业绩。

历代仁人志士，都把守义持节看成立身做人的宗旨。自古以来，文明史册上留下了许许多多宁为玉碎、不为瓦全，保持气节，不向恶势力屈服的人和事，至今仍为人们所传颂。可以说，他们的伟大形象，对后人起到了巨大的教化作用，其功德是不可估量的。苏武牧羊，守节北海十九年，义震胡虏；文天祥面对屠刀，发出了"人生自古谁无死，留取丹心照汗青"的感叹，写下了人生最绚丽的篇章。此等高风亮节，历来就是我们中华民族的传统美德，影响和造就了无数的热血志士。

一部好书珍藏着人类的思想精华。创立一家之言，通过文字宣扬道理，只要于人有益，与立功立德一样会被人所传颂。

能求教向善必笃　肯听劝进德可期

遇老成人，便肯殷殷求教，则向善必笃也；听切实话，觉得津津有味，则进德可期也。

【译文】

遇到年长有德之人，便热心诚恳地求教，那么向善之心必定十分诚笃；听到实实在在的话，觉得津津有味，那么品德修养的长进就可以期望了。

【评点】

一个人只要殷殷求教，就会受益匪浅，少走弯路。而虚狂不恭、自以为是，则会令人一无所获，甚至误入歧途。人生前进的道路上，总会有很多的坎坷，那些有德的长者，他们经过风雨，见过世面，有着丰富的人生经验。只要我们诚恳地向他们求教，就可以在人生的道路上少走一些弯路，更快捷地到达成功的彼岸。殷殷求教，不能是一种故作姿态的做作，不能是为了达到个人目的的一种手段，而应该是谦虚、诚实、善良品性的体现，是一个人的主动行为。有"殷殷求教"之心，必有"向善必笃"之行；有"向善必笃"之行，才可能立身有为，建立一番功业。

殷殷向善的人，能听进去实在话，听到实在话觉得津津有味，就一定能从他人的身上汲取营养，不断提高自身素质。

真性情须真涵养　大见识出大文章

有真性情，须有真涵养；有大识见，乃有大文章。

【译文】

要有至真至善的性情，必须先有至真至诚的涵养；有宏大的见识，才能写出宏旨达远的文章。

【评点】

同时播种的稻子，成熟后会有收获多少之区别，其原因在于"地有肥硗，雨露之养，人事之不齐也"；山上原本有茂盛的树木植被，由于遭斧斤砍伐，牛羊啃食，结果变为秃山。人的修养也是同理。好的涵养，就如同绵绵春雨，清清渠水，灌溉禾苗，培育出一个人的好性情。而没有好的涵养，哪怕原本品质较好，却像树木遭斧斤砍伐、牛羊啃食一样，道德的原野会沦为一片荒芜。

古人云："功夫在诗外。"文章的境界和功夫，不在文字的工巧妍丽，而在见识的宏旨达远。没有大见识，就没有大文章。识，是文章立旨明义之根。没有见地深刻的见识，就不可能敏锐地透视事物的本质，文章也就不可能有高远立意；没有见识，就不能见人所不见，察人所不觉，悟人所不明，也就不可能有独到之笔；没有见识，就不能"于秋毫之末，而见合抱之树"，也就不可能有传世久远的不朽之作。

为善要讲让　立身务须敬

　　为善之端无尽，只讲一让字，便人人可行；立身之道何穷，只得一敬字，便事事皆整。

【译文】

　　做好事的方法没有止境，只要能讲求一个"让"字，人人都可以行善；立身处世的方法又哪里会有穷尽？只要能做到一个"敬"字，那么每件事都可以办理得很规整。

【评点】

　　日常生活中，人与人之间经常会有一些磕磕碰碰。邻里之间，朋友之间时常会碰到一些不愉快的事情，有时为一些鸡毛蒜皮的琐事争执不休，甚至拔拳相向。发生冲突的原因，除了缺乏对事、对人的全部了解之外，最主要的还是缺少"忍让""礼让"之心。俗话说："忍一时，风平浪静；退一步，海阔天空。"不要因为一些无关紧要的事情，而去与别人计较得失，更不要为了个人的名利得失而做出不善的事情。蔺相如让道，将相和睦，国以此安；孔融让梨，敬重兄长，世人传诵。如果人人都能有一颗"忍让"、"礼让"之心，先想到他人的利益是否受到了损害，而不计较个人利益的得失，那么，人人都可以说是行善之人，我们的世界，也是一个充满善行善果的世界。

　　"立身务须敬"。"敬"可以由三个方面来说：一是对人敬，二是对事敬，三是为人敬。对人敬，则和气自生，不与人争，则为善俱来；对事敬，则能尽心尽力，谨慎行事，而不会有亏职守；为人敬，则人皆仰之，众人称颂。

是非要自知　正人先正己

自己所行之是非，尚不能知，安望知人？古人以往之得失，且不必论，但须论己。

【译文】

自己的所作所为是对是错，都不知道，又怎么指望能够了解别人？古人过去的成败得失，暂且不必议论，只要对自己的行为作出正确的判断就行了。

【评点】

人贵有自知之明。一个人只有知己之长短，才能扬长避短，发挥优势；只有知己之过失，才能纠正错误，改过自新；只有知己之不足，才能追求日臻成熟的人生。人自知，才有可能去知人。所以老子说："知人者智，自知者明。"一个人能够正确地评价别人，只是机智和聪明而已；能够正确地认识自己，才称得上是高明的。古希腊哲学家苏格拉底也说过："认识你自己。"他强调，只有善于认识自己，并且具有自知之明的人，才能"做自己的主人"，成为有德性的、真正幸福的人。

仁厚儒术之本　虚浮处世之弊

治术必本儒术者，念念皆仁厚也；今人不及古人者，事事皆虚浮也。

【译文】

治理国家的方法必须以儒家思想为根本，原因在于儒家思想处处都体现出仁爱宽厚之心；现代人不及古代贤人的地方，就在于当今人所做的事都空虚轻浮。

【评点】

前几年有一首流行歌，歌词头一句就是"孔子的中心思想是个仁"。仁爱是儒家思想的核心。"仁"作为普遍的伦理原则，体现为一种多层次的"爱"的道德要求，孔子认为，"仁"即"爱人"，并把"忠恕"作为实行"爱人"原则的根本途径，即所谓的行"仁"之方。孟子继承和发展了孔子的"仁爱"思想，主张"施仁政于民"。他明确指出："三代得天下也以仁，其失天下也以不仁。国之所以废兴存亡者，亦然。天子不仁，不保四海；诸侯不仁，不保社稷；卿大夫不仁，不保宗庙；士庶人不仁，不保四体。"这就是说，仁与不仁是统治者能否"王天下""保社稷"的关键，也是士人、庶人能否安身立命的根本。而统治者行仁，就是"以不忍人之心，行不忍人之政"，即所谓的行"仁政"。在孟子看来，"仁政"之所以能"平治天下"，归根结底是由于能"得民心"。要"得民心"，就要"推恩"于民。可见，"仁政"说到底，就是以"推恩"求"感恩"，收拢民心，从而调和阶级矛盾，维护封建统治。

　　不过，从另一方面看，由孔子的"思民"到孟子的"得民心"，都反映了他们对"民心"的高度重视，看到了"民心向背"的巨大作用。后来大儒荀子又进一步把它表达为"民如水，君如舟，水可载舟，也可覆舟"。这就成为以后封建统治者中有见识的政治家制定政策的一个重要的思想依据。封建社会的"仁政"已成为历史，但我们现在仍然要汲取其中的合理成分，重视民心的向背，关注老百姓的生活，一切决策都要从利国利民的角度出发。现在，我们党倡导立党为公，执政为民，就是说一切要从人民的利益出发。

祸起于不忍　处世须谨慎

莫大之祸，起于须臾之不忍，不可不谨。

【译文】

人生再大的祸事，都起因于一时片刻的不能忍耐，所以处事不能不谨慎。

【评点】

人生在世，不如意事常有，不自在处亦常有。不如意时，能忍且过，不自在处，能忍则安。有一则著名的唐代禅林公案，寒山问拾得："今有人侮我，冷笑笑我，藐视目我，毁我伤我，嫌恶恨我，诡谲欺我，则奈何？"拾得曰："子但忍受之，依他，让他，敬他，避他，苦苦耐他，装聋作哑，淡漠置他，冷眼观之，看了如何结局？"如此忍耐，虽有消极避世的一面，但"淡漠置他，冷眼观之"却另有一番凛然正气，包含了一种俯视人生的姿态，显示了一种清冷荣华的风骨。

忍，决不仅仅是指忍下怒气求安、吞下苦怨求怨，而更重要的是忍怒制胜，忍怨图成。如司马迁，遭受官刑后，他以常人难忍的毅力，顽强地抵住了巨大的不幸和痛苦，终于完成了旷世之作——《史记》。如果司马迁没有非凡的忍耐之力，那也许我们就看不到这部被誉为"史家之绝唱，无韵之《离骚》"的巨著。

当然，忍又有可忍、不可忍或值得忍、不值得忍的区别。对个人的一己私利，尽可忍得，忍后心地自宽；对一时的意气冲动，切忌不忍，不忍则祸端遂起；但当国家和人民的利益受到损失时，则不能忍，忍了则有失大义；面对有损国格、人格、民族气节的恶劣行为现象时，则不能忍，忍了则有辱人格；对社会腐败现象、邪恶奸佞，也不能忍，忍了则纵容恶邪。这也就是俗话所说的："忍无可忍，不可再忍。"

人人为我　我为人人

家之长幼，皆倚赖于我，我亦尝体其情否也？士之衣食，皆取资于人，人亦曾受其益否也？

【译文】

家中的老小都依靠我生活，我是否也曾经设身处地去体会过他们的心情和需要呢？读书人的衣食，都取自于民众生产的物资，我又是否考虑过他们是否从我的行为中得到了益处呢？

【评点】

人人为我，我为人人。一个人生活在社会上，不是孤立存在的，而是与不同阶层、不同身份的人共同生活在社会中，生活在同一片天空下。人与人之间，也有着分工与合作。每个人的生活，都要依赖他人的工作与创造，而每个人的一份付出，又是对他人的一份奉献与给予。农民种出粮食、工人生产产品、教师传道授业、军人保家卫国、商人销售商品……每一个岗位都不可缺少，每一个人的作用都不可小视，一个人在为社会创造财富的同时，又在享用着社会创造的财富。因此，我们就要时刻谨记，当我们享用着他人、社会为我们提供的便利的时候，我们自己又是否以自己的劳动回报了他人、回报了社会？

读书积德　事长亲贤

　　富不肯读书，贵不肯积德，错过可惜也；少不肯事长，愚不肯亲贤，不祥莫大焉！

【译文】

　　富有的时候却不肯好好读书，显贵的时候却不能行善积德，错过这些读书和积德的机会实在可惜啊；年少时不愿意侍奉长辈，自己事理不明却不愿亲近贤能的人，没有比这更大的不吉之兆了。

【评点】

　　《格言联璧》中云："光阴迅速，即使读书行善，能有几时？"一个人的时光是有限的，不能抓住时光，读书行善，已是十分可惜，在条件十分优越的情况下，不能做这两件于人生大有益处的乐事，那就更是令人叹惋。

　　一个人在自己生计维艰的时候，能静下心来，苦心读书，当他的生活条件有了极大的改善，可以不必考虑柴米油盐的时候，他反而不能静心读书，而是整日沉迷于声色犬马之中，错失大好时光；一个人地位低微的时候，还能够互相帮扶，与邻里和睦共处，一旦地位上升，有了帮助他人的条件和机会的时候，反而不能积德行善，而是"眼睛望着上头，脚下踩着下头"，这样可真令人为之叹惋呀。

　　"敬老尊贤"是中华民族流传数千年的文化传统与美德，更是一项深植人心的习俗。长辈们将毕生的心力奉献给家庭、社会、国家，在漫漫人生之路上，他们也积累了丰富的人生经验和智慧，这是一笔十分宝贵的财富。如果我们能够敬重长辈、敬重贤者，与他们亲近，那么，在我们的人生路上，在许多关键时刻，长者都能给我们不少的启示与指引，让我们少走很多弯路。而不能敬老尊贤，那很多时候我们就只能在荆棘浅滩中瞎闯，"不祥莫大"了。

五伦立后有大经　四子成后有正学

自虞廷立五伦为教，然后天下有大经；自紫阳集四子成书，然后天下有正学。

【译文】

自从虞舜在位时创立了五伦之教，从此之后天下才有了不可变易的人伦之道；自从朱熹集《论语》《孟子》《大学》《中庸》为《四书集注》，然后天下才确立了一切学问奉为准则的中正之学。

【评点】

相传虞舜是中国上古时期的部族首领，他起于乡野，但因德行过人，孝感天地，被尧选定为接班人。舜成为部族首领后，推行父义、母慈、兄友、弟恭、子孝这五种伦理道德教育，人民都遵从不违，国家也因此治理得井井有条。后来，孟子又将五伦归纳引申为"父子有亲、君臣有义、夫妇有别、长幼有序、朋友有信"，从此，五伦成为中国封建社会调整人与人之间关系的准绳，成为维系社会秩序的纽带。它规定了君臣、父子、夫妇、兄弟和朋友之间的义务与权利。这种义务与权利关系，在现代化、文明化、全球化的今天，当然不再适宜，但是，中国传统文化五伦中的基本价值观仍必须保留，正是这些价值观使得中华文明得以延续，并且免遭像其他古老文明一样被湮没的命运。

《四书集注》是《四书章句集注》的简称，是南宋著名思想家、教育家朱熹为《大学》《中庸》《论语》《孟子》所作的注，有《大学章句》一卷、《中庸章句》一卷、《论语集注》十卷、《孟子集注》十四卷。《四书集注》发挥了儒家学说，论述了道、理、性、命、心、诚、格物、致知、仁义礼智等哲学范畴，并加以阐释发挥，提出了以理为最高范畴的哲学体系。书中还特别重视认识方法、修养方法和道德实践等。《四书集注》对后世产生了深远的影响，由于它的刊行，《大学》《中庸》《论语》《孟子》始被称为"四书"，与"五经"一起成为封建社会最重要的经典著作，并被历代封建统治者所推崇，占据着封建思想的统治地位，被统治者捧到了一句一字皆为真理的高度，对中国封建社会后期思想产生了深远而巨大的影响。社会进步了，时代不同了，但是，我们在科学审视"四书五经"的过程中，也要认识到其中蕴含的中国传统文化的精粹，并予以传承和发扬光大，切不可丢了自己的文化之根。一个没有根的民族，是可悲的民族。

意趣清高　志量远大

意趣清高，利禄不能动也；志量远大，富贵不能淫也。

【译文】

志趣清高，即使钱财官位也不能动摇他的志趣；志向远大，即使荣华富贵也不能迷惑他的心志。

【评点】

孟子言："富贵不能淫，贫贱不能移，威武不能屈，此之谓大丈夫。"一个真正有着清高志趣和远大志向的人，不会因为金钱和地位的引诱而惑乱，不会因为家境贫穷、地位低下而变节，不会因为武力或权势的胁迫而屈服，而是矢志不移地向着自己的既定目标前进。当代著名教育家陶行知先生将孟子的话进一步引申："我们不但是物质环境当中的人，并已是人中人。做人中人的道理很多，最要紧的是要有'富贵不能淫，贫贱不能移，威武不能屈'的精神。这种精神，必须有独立的意志、独立的思想、独立的生计和耐劳的筋骨、耐饿的体肤、耐困乏的身，去做那摇不动的基础——推己及人的恕道和大公无私的容量，这也是做人中人的最重要的精神。把这几种精神合起来，我找不到一个更好的名词，就称他为大丈夫的精神罢。"只有能够不为贫穷所困、不为财富所惑、不为权势所动的人，才称得上是真正的大丈夫，才能真正不迷失方向，走出一条成功的人生之路。

势家女公婆难做　富家儿师友难为

最不幸者，为势家女作翁姑；最难处者，为富家儿作师友。

【译文】

最不幸的事，是做有钱有势人家女儿的公婆；最难办的事，是做富家子弟的老师与朋友。

【评点】

有钱有势人家的小姐，不少从小娇生惯养，颐指气使，即使嫁作他人妇，一般也难改其骄蛮习性，做她的公婆，只有受她气的时候。富家公子哥，大多骄横不可一世，做他们的老师、朋友，经常也是备受尴尬。当然，现实中也有不少富贵人家的儿女为人谦和有礼，待人温和有度，并在事业上取得了不小的成绩。这种分野的原因何在？关键还在于家庭教育。

钱为福祸根　药是生杀门

钱能福人，亦能祸人，有钱者不可不知；药能生人，亦能杀人，用药者不可不慎。

【译文】

钱财既能给人带来幸福，也能给人带来祸患，有钱人不能不知道这个道理；药用好了可以救人，用错了就可能毒杀人，用药的人不能不谨慎。

【评点】

幸福的含义究竟是什么？张大民的清贫生活是幸福，一毛不拔的葛朗台抱着钱袋数钱时也自认为是幸福，比尔·盖茨要把他的所有财富回报社会也是幸福……对于不同的人，也许幸福的定义全然不同。但是，幸福，绝对不是以金钱的多少作为衡量指标的。幸福不是你拥有多少，而是你珍惜多少，当你有太多的欲望、野心和金钱利禄的追求时，它们反而会阻碍你得到幸福，会给你带来不快甚至灭顶之灾。所以，贫嘴张大民的生活也许有点过于平凡，但他却能从平凡而贫穷的生活中找到内心的快乐；葛朗台视钱如命，"除了快快发财他不知道有别的幸福"，最终成为金钱的奴隶，没有享受到一丝生活带给他的乐趣，同时也割断了他和其他人之间除了"现金交易"以外的一切感情和联系纽带，成为一个可悲的人；比尔·盖茨贵为全球首富，却发誓要把他的全部家业用于慈善事业而不是留给子孙，并已为慈善事业累计捐出了200多亿美元的家产，他也因此找到了内心的安宁与快乐。所以，面对金钱的不同态度，也决定了一个人是否能找到真正的幸福。

　　有的药物用好了可以救人，但用错了也可以毒死人，因此行医用药一定要谨慎。其实，万事万物又何尝不是如此？任何事情，都有利弊的正反两面，这是事物的内部矛盾决定的，是事物的内在规律，是回避不了的。关键是要一分为二地看问题，认清事物的利弊，采取有效的措施，趋利除弊，这样才能真正推进我们的进步与发展。

身体力行　集思广益

凡事勿徒委于人，必身体力行，方能有济；凡事不可执于己，必集思广益，乃罔后艰。

【译文】

什么事情都不要只知道托付给他人，一定要身体力行，才能获得成功；什么事情都不能固执己见，而要集思广益，才能避免事情后面的艰难。

【评点】

当代管理大师杰克·韦尔奇曾说过："我坚信自己的工作是一手拿着水罐，一手拿着化肥，让所有的事情变得枝繁叶茂。"一个人要想自己的事业有所成就，就一定要身体力行，在过程中积累经验，不断提升自我，这样，成功才有可能。如果什么事都只知道托付给他人，那就算事情办成功了，也不是你的功劳，你也不可能从中学到任何东西，想要获得成功，反而不知从何处下手！

古人云："集合众智，无往不利。"《三国志》中也说："能用众力，则无敌于天下矣；能用众智，则无畏于圣人矣。"一个人的智慧总是有限的，而集体的力量是无穷的。俗语所说，"三个臭皮匠，顶个诸葛亮"，能够集思广益，就可以集合大家的智慧，把问题看得更清楚、更明白，就能达到"无往而不胜"。汉高祖刘邦在总结自己的成功经验时说："夫运筹策帷帐之中，决胜于千里之外，吾不如子房；镇国家，抚百姓，给馈饷，不绝粮道，吾不如萧何；连百万之军，战必胜，攻必取，吾不如韩信。此三者，皆人杰也，吾能用之，此吾所以取天下也。"

工课无荒成其业　官簇有玷未为荣

耕读固是良谋，必工课无荒，乃能成其业；仕宦虽称贵显，若官簇有玷，亦未见其荣。

【译文】

耕田和读书虽然是佳途，但一定要做到耕种和求学不荒废，才能成就功业；入仕为官虽然称得上富贵显达，但如果在做官的准则方面有了过失，那么做官也不见得是什么值得荣耀的事。

【评点】

"耕读"是中华民族的传统，被认为是两条"成其业"的正途。但要真正能够有所成就，就一定要在"勤"字上下功夫，不能荒芜了田地，荒废了学业，那样只能是一事无成。耕读是如此，其实，各行各业，都是如此。

俗语有云："当官不为民做主，不如回家卖红薯。"入仕为官，虽然是显达的事，但如果只知敛财，鱼肉百姓，那得到的只能是千古骂名；"为官一任，造福一方"，才能赢得百姓的称誉，流芳千古。

儒者多文为富　君子疾名不称

儒者多文为富，其文非时文也；君子疾名不称，其名非科名也。

【译文】

读书人以文章多为富有，这些文章并不是指应付科考的文章；君子害怕的是名声不为人称道，这个名声并不是科举之名。

【评点】

有价值的文章，才是读书人真正的财富。而总是写一些应付考试、应付检查、应付上级的文章，那文章再多，也无益于世。好的文章，好比钻石，具有恒久的灿烂与光华；那些表面文辞动人，实则内容空洞的应景文章，就好比玻璃珠，纵有一时光鲜的外表，却经不起细心的推敲和时间的考验。

子曰："君子疾没世而名不称焉。"一个人如果不思进取，不求闻达，只知"饱食终日，无所用心"，一辈子一下子就过去了。来的时候悄无声息，走的时候了无痕迹，这样的一生，能算是来过人世间走了一遭吗？做一回人，当成就一番事业！这才是君子对人生的深切期望。虽然生命是每个人的，他有权使自己的生命大放异彩，也有权让自己的人生黯淡无光，任何人都无法干涉，也干涉不了，但正因为每个人都是自己生命的看护者，所以应该比其他人都更有权珍惜自己的生命，更有责任使生命之树绽放出绚烂花朵，更应该在生命的轨迹上留下深深的烙印。君子求名，求的不是科考之名、官场之名、名位之名，而是道德彰著的德名、功勋卓著的功名、学有所成的学名。如果舍后者而逐前者，那就真的是舍本逐末了。

博学笃志，切问近思
神闲气静，智深勇沉

"博学笃志，切问近思"，此八字是收放心的功夫；"神闲气静，智深勇沉"，此八字是干大事的本领。

【译文】

广博地涉猎知识、有坚定的意志、切实地向他人请教、用心地思考，这是研习学问应有的功夫；心神安详、气质沉稳、智慧深刻、勇气沉毅，这是干大事应有的本领。

【评点】

《论语·子张》曰："博学而笃志，切问而近思，仁在其中矣。"博学、笃志、切问、近思都是研习学问，进而达到"仁"的境界的阶梯。同时，能够广泛涉猎，有坚强意志，能向人请教，能用心思考，又不单是求学的进步之阶，它对人生的一切都能有所助益。

能干大事者，必然首先要有出众的定力，有"泰山崩于前而色不变"的神闲气定。只有这样，才能在错综复杂的事件前面保持冷静，并作出最佳抉择。同时，干大事者，还要有深刻的智慧，能洞察事物的来龙去脉，有"该断即断"的果敢与勇气。只有"神闲气静，智深勇沉"，才能真正担当大事。

肯规我过为益友　必徇己私是小人

何者为益友？凡事肯规我之过者是也；何者为小人？凡事必徇己之私者是也。

【译文】

什么样的朋友称得上是益友？凡是事情有做得不对的时候能够规劝我的过错的人就是；什么样的人是小人？凡是什么事情都只知道一味考虑个人利益的就是。

【评点】

"一个篱笆三个桩，一个好汉三个帮。"一个人要有所成就，就一定要结交几个志同道合的知心朋友。真正的朋友，应建立在同声相应、同气相求的基础上，能够互相帮助、互相砥砺、互相学习、互相指引，在朋友有了错误的时候，能够及时而诚恳地指出，并敦促他予以改正，这样的朋友，才真正称得上是益友。而小人考虑问题，却永远只会从自己的角度出发，只要对自己有利，他们就不会考虑道义所在，别人的错失于己有利，那他只会偏袒你、怂恿你，把你往错误的道路上越推越远。如果与他毫无干系，那他一定是事不关己、高高挂起，或者在一旁指指点点，引为谈资。而如果你的错误损害了他的利益，那他一定是火冒三丈，跟你没完，这样的人，只能说是真正的小人。

待子孙不可宽　行嫁礼不必厚

待人宜宽，惟待子孙不可宽；行礼宜厚，惟行嫁娶不必厚。

【译文】

对待他人应该宽容，唯独对待子孙不能够宽容；礼尚往来要周到厚重，唯独嫁女娶妇不要太过铺张。

【评点】

据说有一位哲人在回答弟子"如何摆脱烦恼"的问题时，只答了两个字："宽容"。要"宽容"，得有一个冷静的头脑，一颗宽宏大量之心，一种"相逢一笑泯恩仇"的气概，以及一股敢于认错和纠正错误的勇气。美国著名作家约翰·威廉·房龙的《宽容》里有一句经典语句："人类的历史，本身就是一部宽容的历史。"我们要以宽容之心对待他人，但对待自己的子孙却不能过于宽容，而要严格要求他们。对待子孙过于宽容，其实就是对他们纵容，表面上是爱他们，实质上是害他们。多少走上歧途的青少年，在追究走上错误之路的原因时，家庭的溺爱往往都是一个重要的原因！

俗语云："千里送鹅毛，礼轻情意重。"可见，"礼"的主要意义就在于情意。如果情意深厚，又何必在乎礼物的轻重呢？"行礼宜厚"，关键还是在于礼节要周到，情意要深厚。亲戚之间、朋友之间，情意深厚的话，只要能常来常往，自然关系融洽，礼物反而在其次了。晚辈到了谈婚论嫁的地步，两家要结秦晋之好，还斤斤计较于彩礼多少、陪嫁多寡，那就只能伤了亲家之亲，也伤了新婚夫妇之情了。

事观已然知未然　人尽当然听自然

事但观其已然，便可知其未然；人必尽其当然，乃可听其自然。

【译文】

事情只要看它已经如何，就可以知道它未来将会如何；一个人要努力做到他的本分，其余就可以听其自然了。

【评点】

万事万物的发展、变化，都有它内蕴的基本规律，能够把握这个规律，就可以抓住事物发展的脉络，推演出事物未来的发展变化。恰如一条流淌的河流，只要看其流向，便可以判定它的归宿；漫天的云彩，只要看其舒展变化，就可以大致推断天气变化。万事万物，都有迹可循，只要我们细心体察，就一定可以"洞见先机"，预先判定事物的发展趋向，从而采取有效的措施，趋利避害。

人生在世，很多东西你以为努努力、加加油就能得到，其实不然。很多事情，强力求之，却不见得能"天遂人愿"。一个盲人，却一定要成为一个画家，就算他奋力拼搏，勉力为之，也不见得能成功。所以，虽说事在人为，但我们也要量力而行，顺其自然，很多事情，尽到自己的一分力量就足够了，我们也一定可以得到我们该得到的结果。强力求之，不顾主客观条件的制约而勉强用事，很可能把事情搞糟。

观规模之大小　知事业之高卑

观规模之大小，可以知事业之高卑；察德泽之浅深，可以知门祚之久暂。

【译文】

只要看一件事情规制模式的大小，就可以知道这项事业是宏大还是浅陋；只要观察一个人品德与恩泽的深浅，就可以知道他的家运是绵长还是短暂。

【评点】

一个团体有它的规章制度，一家企业有它的企业文化，一项事业有它的办法措施，看这些规章制度、企业文化、办法措施是否完备，是否严谨，是否具有先进性和合理性，便能够知道这个团体、这家企业、这项事业能否走向成功。企业、事业不在于大小，要想获得成功，就必须有完善的制度、先进的文化。哪怕一个团体、一家企业再大，没有好的制度和规章，它一样不可能获得成功。如果把"事业"比为船，"制度、规章"就是这艘船的舵。没有舵的指引，再大的船也会迷失方向；有了好的舵手，小船一样可以搏击风浪。

俗语云："忠厚传家久，诗书继世长。"祖上有德泽风范，根植子孙心中，子孙能奉行不移，那么家运就能够长久。

君子尚义　小人趋利

义之中有利，而尚义之君子，初非计及于利也；利之中有害，而趋利之小人，并不愿其为害也。

【译文】

道义之中也包含有利益，而追求道义的君子，最初根本没有考虑到是否有利可图；利益之中也包含有祸害，而这是那些追逐利益的小人，根本不愿意看到这样的结果。

【评点】

孔子曰："君子喻于义，小人喻于利。"真正的君子，但凡义之所在，根本不会去考虑个人利益的得失。见利忘义，那只能是小人的行径。

天道循环。君子一心求义，根本没有考虑到个人利益，而利益却有时不求自来；小人只知求利，全然不顾义之所在，也许一时得到了更大的利益，结果却最终连手上的这份利益也没有保住。何也？其实，有付出，才会有回报。一个人没有付出，只知索取，那他终有一天会败亡。而君子只知付出，社会自然会予以回报。一个一心求义之人，自然会受到百姓的拥戴与尊崇，自然会得到应该得到的社会地位。而一个为了个人私利，无所不用其极的小人，最终只能被人唾弃，他的那些私利，最终是"水中月"，空欢喜。

小心谨慎必善后　高自位置难保终

小心谨慎者，必善其后，惕则无咎也；高自位置者，难保其终，亢则有悔也。

【译文】

小心谨慎的人，处理事情一定能善始善终，能保持谨慎，通达事理，就不会犯下过错；身居高位的人，难以保持其地位的长久，若因身居高位而自大自满，必有后悔的一天。

【评点】

《易》曰："括囊，无咎，无誉。盖言谨也。"意思是说一个人要没有过错，也没有名誉上的损失，就一定要谨慎行事。一个真正谨慎的人，做事情就一定要能够"慎其初，念其终"，善始善终，从头至尾保持谨慎的心态，时刻有危机感。最忌的是事情快要完结的时候，以为大功告成，而放松警惕，结果却功败垂成。所以成大事者切记善其始，更要善其终。

《易》曰："亢龙有悔。"孔子对之阐述为："贵而无位，高而无民，贤人在下位而无辅，是以动而有悔也。""贵而无位，高而无民"是说虽然很有权力，却高高在上，脱离了群众；"贤人在下位而无辅"是指有贤德的人都处在低下的地位，因而得不到他们的辅助。这时候的行动，当然就只能后悔了。物极必反，处于人生顶点的大人物，如果不知道进退之理，就会走向极端，在所难免会做出一些错误的决定，那时就真的进退无路了。知进而不知退，知存而不知亡，知得而不知丧，那么，再高的地位也终究会到"有悔"的一天。

勿借耕读谋富贵　莫用衣食逞豪奢

　　耕所以养生，读所以明道，此耕读之本原也，而后世乃假以谋富贵矣。衣取其蔽体，食取其充饥，此衣食之实用也，而时人乃藉以逞豪奢矣。

【译文】

　　耕田是为了养家糊口，读书是为了明晓道理，这是耕读的本意，然而后世之人却把它们当作了谋求富贵的手段。衣服是用来遮体的，食物是用来充饥的，这是衣食的实际用途，而现在的人却借它们来夸耀奢侈豪华。

【评点】

　　中国自古就有耕读的传统。耕读的目的，不是为了靠其追逐富贵，而是养生明道。但现实中，却有很多人背离了这一耕读最根本的要义。他们耕田不是为了"养生"，而是偏离了耕作的本意。他们安田置宅，巧取豪夺，已经丢失了一个人最基本的淳朴与浑厚。而读书也变了味，不少人读书不是为了"明理"，而是把读书当成追求权位利禄、香车美女的途径，这也就偏离了读书的本意了。

　　衣食只要温饱就行。但现实中不少人却是锦衣玉食、争奢斗富。衣食也变成了那些富人们互相夸耀、互相攀比的工具，这不能不说是一种悲哀。一夜暴富的土豪，动辄一餐饭几万元乃至几十万元，并以此炫耀，表面上的光鲜却遮掩不了内心的极度空虚和精神上的无所寄托。

一官到手怎施行　万贯缠腰怎布置

人皆欲贵也，请问一官到手，怎样施行？人皆欲富也，且问万贯缠腰，如何布置？

【译文】

人人都想自己地位显贵，但是请问，一旦真的官位到手，你又怎么去施行政务？人人都希望富有，但是请问，一旦腰缠万贯，你又将如何使用钱财？

【评点】

人人都想自己地位显贵、腰缠万贯，这无可厚非。每个人都有追求个人幸福与个人价值的权利。但一个人一旦真的得到了梦想中的权位与财富时，该如何处置与面对就由不得个人肆意妄为了。因为，这时他的行为已经与别人、与大众的利益息息相关。"官者，管也。"为官一任，就要造福一方。百姓生计、经济布局、产业平衡、天灾人祸……这一切都要真正地管起来。双手一缩，高台一坐，什么事都不想，整天就是开开会、讲讲话、批批字，这就妄自为官了，迟早要被老百姓轰下台。而钱财，除了可以让自己生活得更好之外，它还可以干很多事。如果能让自己的财富服务于社会，为社会创造更多的幸福和更大的价值，那自己也会活得更安心、更自在，也会得到社会大众的尊崇与敬重。如果只知骄奢淫逸、嫖赌逍遥、任意挥霍，那再多的财富又有何益？不过是毁身毁心罢了！